KB253131

사랑하는 아기를 위한 하루 20분 태교

책읽는달

contents

태아의 감성과 두뇌를 발달시키는 태교워킹

최근 많은 연예인들이 임신 기간과 출산 후 태교워킹의 효과를 톡톡히 보았다고 해 '걷기운동'의 중요성이 다시 한 번 부각되고 있습니다.

대표적인 다산 연예인으로 꼽히는 개그우먼 김지선 씨는 노산에도 불구하고 건강하게 넷째를 순산하고 44사이즈 몸매를 유지할 수 있는 비결로 걷기운동을 꼽았으며 배우 김희선, 손태영, 장신영 씨도 걷기운동의 효과를 톡톡히 보았다고 밝혔습니다.

이처럼 태교워킹을 꾸준히 하면 유연성, 지구력, 체력 등이 좋아지며 비만을 비롯하여 임신 중 걸리기 쉬운 당뇨병, 고혈압, 골다공증을 예방할 수 있으며 아기의 건강까지 챙길 수 있습니다. 또한 골반 근육의 유연성이 좋아져 출산의 고통을 덜 수 있는 장점이 있습니다.

무엇보다 임신부가 걸으면서 발바닥에 자극을 받으면 태아의 뇌 활동도 활발해집니다. 걸을 때는 평소보다 산소를 2~3배를 더 흡수하게 되는데 이때 태아도 충분한 산소를 공급받게 되어 뇌세포가 활성화되게 됩니다. 그러므로 똑똑하고 감성이 풍부한 아기를 낳고 싶다면 꾸준히 걷는 것이 좋습니다.

걷기는 체력을 향상시킬 뿐만 아니라 우울증, 무기력증 및 과도한 스트레스에 시달리고 있는 현대인들에게 매우 효과적인 운동으로 각광받고 있습니다. 이러한 이유로 일반인들에게 가정과 직장생활에 활력을 주고, 일의 능률을 배가시켜 노동 생산성을 향상시켜줄 뿐만 아니라 열 달 동안 뱃속에 새 생명을 품고 있는 임신부에게도 탁월한 운동으로 손꼽히고 있습니다. 임신부는 자신과 태아의 건강을 위해 태교워킹을 하는 것이 좋습니다.

임신부는 무조건 휴식을 취해야한다는 옛말과 달리, 지금은 많이 움직이라고 이야기하고 있습니다. 오히려 움직이지 않는다면 임신성 비만을 비롯한 각종 질병으로 태아의 건강과 생명까지 위험할 수 있습니다. 꾸준한 태교워킹은 신체적인 건강은 물론, 호르몬의 변화로 찾아올 수 있는 피로, 우울증 등을 치료하여 정신적인 건강도 함께 찾아줄 것입니다.

하지만 어떤 운동 방식이 내 몸에 맞는지, 내 몸을 살리려면 어떤 운동을 중점적으로 해야 하는지 잘 모르시는 분들이 대부분입니다. 걷기운동을 통해 태아와 산모의 건강을 챙기고자 하는 임신부, 출산 후 비만으로 걱정하는 출산모, 그리고 우울증과 스트레스로 마음이 편치 않는 주부, 건강한 생활을 원하는 여성들에 이르기까지 이 책을 통해 내 몸에 맞는 규칙적인 걷기운동을 찾아 자가운동치료를 할 수 있는 요령과 방법을 배우며 질병을 예방하고 건강하고 행복한 생활을 누리시길 바랍니다.

chapter 1

임신부의 발꿈치는 태아의 머리에 해당하는 부분으로, 엄마가 걸으면서 발꿈치에 자극을 주면 아기의 뇌 활동이 활발해진다. 걸을 때는 평소보다 산소를 2~3배 더 흡수하게 되는데 이때 아기도 충분한 산소를 공급받게 되어 뇌세포가 활성화되는 것이다. 그러므로 똑똑하고 감성이 풍부한 아이를 낳고 싶다면 꾸준히 걷는 것이 도움이 된다.

왜
태교워킹인가?

뱃속에 있을 때 영어를 많이 듣고 태어난 아기가 제일 먼저 한 말이 '대디(daddy)'이고, 임신 중 남편을 잃고 매일 밤 통곡하던 엄마가 낳은 아기는 울 때마다 그냥 우는 것이 아니라 통곡하며 운다는 이야기가 있다. 우스갯소리이긴 하지만 모두 태교의 중요성을 알려주는 이야기다.

태교의 중요성은 동서고금을 막론하고 예부터 지금까지 세계적으로 계속되고 있다. 음악 역사상 유명한 작곡가인 모차르트의 어머니는 태교로 훌륭한 음악가들의 음악을 많이 들었다고 한다. 그 후 모차르트는 다섯 살의 나이에 〈소곡〉을 작곡하고 여섯 살 때부터 이름을 널리 떨쳤으며 세계적인 천재 작곡가로 남게 되었다.

또한 프랑스 소설가 알퐁스 도데의 어머니는 가난한 가정환경에도 불구하고 태교를 위해 끊임없이 독서를 하며 감성을 키웠다. 어머니의 정성스러운 태교로 알퐁스 도데는 훗날 섬세한 문체와 아름다운 내용의 〈별〉, 〈마지막 수업〉 등과 같은 명작을 남길 수 있었다.

뱃속에서 아기의 두뇌는 52% 완성된다고 한다. 이미 태내에서 아기의 기본적인 성격과 지능, 정서 등이 길러지기 때문에 뱃속 환경을 어떻게 만드느냐에 따라 아기의 성장이 확연히 달라진다. 여기에 태교의 중요성이 있다. 태교는 태아가 건강하고 바르게 자랄 수 있도록 뱃속 환경을 꾸미는 일이다. 임신 중 좋은 음식을 먹거나 좋은 소리를 듣는 등 태아가 심리적, 정서적, 신체적으로 좋은 영향을 받을 수 있도록 관리하는 자궁 내 교육인 것이다.

엄마의 자궁 안에서 아기가 느끼고 체험한 것들은 오랫동안 잠재의식으로 남아 인격 형성과 신체 · 지능 발달에 커다란 영향을 미친다. 엄마가 임신 중 심한 스트레스를 받는다면 태아의 뇌 발달이 저하되고 엄마가 아기에게 애정이 없을 경우에는 아기에게 부정적 영향을 미치게 된다. 따라서 건강하고 똑똑한 아이를 원한다면 운에 맡기는 것이 아니라 태교를 통해 뱃속을 최상의 환경으로 만드는 것이 우선이다.

그렇다면 걷기운동은 태교와 무슨 관련이 있을까?

임신 전 키 162cm에 몸무게 59kg이었던 최아영 씨는 보통 여성에 비해 통통한 체구였다. 하지만 임신 중에는 관리를 잘하여 10kg밖에 늘지 않았고, 3.7kg의 아기를 순산할 수 있었다. 그녀가 말하는 몸매 관리와 순산의 비결은, 바로 꾸준히 해온 산책이었다. 최근 걷기운동의 효과가 부각되며 '태교워킹'에도 관심이 많아지고 있다. 기존의 걷기운동의 효과가 태교에도 좋은 영향을 미치기 때문이다.

임신 중 적당한 운동이 순산하는 데 많은 도움이 되는 것은 잘 알고 있을 것이다. 미국 갠자스시티대학교 린다메이 박사의 연구팀이 '임신부의 운동과 태아의 건강'에 대해 연구한 결과, 걷기와 같은 간단한 운동을 꾸준히 하면 임신부뿐만 아니라 태아의 심장도 튼튼하게 만든다는 사실을 밝혀냈다.

린다메이 박사 연구팀은 61명의 임신부를 대상으로 하루 30분씩 주 3회 걷기운동을 하게 했으며 운동을 실시한 임신부의 태아는 일반 태아에 비해 심장 박동수가 낮게 나타났다. 심장 박동수가 낮다는 것은 아기의 심장이 그만큼 튼튼하다는 것을 말한다.

또 연구팀은 태아의 심혈관 체계가 임신 1개월 이후부터 발달하기 시작한다는 사실을 발견했는데, 이는 임신부의 운동 시작이 빠르면 빠를수록 아기의 심장도 더 빠르게 성장하고 건강해질 수 있음을 뜻한다. 메이 교수는 "자녀가 태어난 이후에 건강을 챙겨준다고 신경 쓰는 것보다 임신 기간에 운동하는 것이 자녀의 심장을 튼튼하게 만드는 데 훨씬 효과적이다"라고 말하고 있다.

워킹의 힘

발은 몸의 축소판이라고 할 만큼 발의 혈관이나 신경은 뇌와 몸 안의 모든 내장과 연결이 되어 있다. 그래서 많이 걸어 바닥과 접촉하며 자극을 주면 발이 건강해질 뿐만 아니라 내분비 기능과 신진대사가 좋아지고, 심장이나 호흡기 등 여러 기관들도 건강해진다. 누구나 하루에 $3km$ 이상을 걷는다면 사망률을 절반으로 줄일 수 있고 30분씩만 걸어도 대장암 발생률은 절반까지도 줄일 수 있다. 또한 여성의 경우 유방암 예방에도 효과적이다.

실제로 하버드대학교의 알렉산더 리프 박사가 세계 곳곳에 건강하게 장수한 사람들을 연구한 결과, 그들은 모두 '걷기'라는 공통된 생활습관을 가지고 있는 것으로 밝혀졌다. 또한 119년의 삶을 건강하게 살았던 미국의 윌리엄 에니키는 장수 비결로 자동차 없이 걸어 다녔던 것이라 말했으며 아이젠하워 대통령은 걷기운동으로 심장병을, 루즈벨트 대통령은 천식을 치료할 수 있었다.

매일 걷기에 시간을 투자한다면 앞으로의 삶은 지금까지와는 확연히 달라져 있을 것이다. 그만큼 걷기운동은 사람들 인생에 많은 영향을 미치며 이것은 매일 당신이 걷기에 투자해야 하는 이유이기도 하다.

태교워킹의 중요성

심리적인 안정　임신부가 아름다운 경치를 보고 맑은 공기를 마시며 걸으면 기분이 좋아지고 마음이 안정된다. 태아는 엄마가 보고 느끼는 것을 그대로 받아들이기 때문에 태아 역시 심리적인 안정을 찾을 수 있다.

태아의 뇌 발달　　엄마의 발꿈치는 아기의 머리에 해당하는 부분으로, 걸으면서 발꿈치에 자극을 받으면 태아의 뇌 활동도 활발해질 수 있다. 걸을 때는 평소보다 산소를 2~3배 더 흡수하게 되는데 이때 아기도 충분한 산소를 공급받게 되어 뇌세포가 활성화된다. 그러므로 똑똑하고 감성이 풍부한 아기를 낳고 싶다면 꾸준히 걷는 것이 좋다.

건강관리　　엄마가 건강해야 아기도 건강히 자랄 수 있다. 꾸준한 태교워킹은 체력을 단련시키고 비만을 예방해 임신 중 걸리기 쉬운 당뇨병, 고혈압, 골다공증을 예방할 수 있으며 아기의 건강까지 챙길 수 있다.

순산　　가진통이나 진통의 아픔을 줄이고자 할 때 좋은 방법이 걷는 것이다. 태교워킹을 하면 골반 근육이 이완과 수축 과정에서 유연성이 좋아져 출산의 고통을 덜 수 있다. 임신 기간 동안 꾸준히 해 온 태교워킹이 가장 빛을 발하는 순간이 출산할 때이다. 태교워킹은 심폐 기능을 강화해 분만 시 진통을 줄이고 호흡 조절에 도움을 줘 순산에 큰 역할을 한다.

태교워킹,
이 점이 좋다!

대표적인 다산 연예인으로 꼽히는 개그우먼 김지선 씨가 노산에도 불구하고 건강하게 넷째 아이를 순산하여 화제가 되었다. 그녀는 자신의 순산 비결으로 골반을 넓히는 체조와 함께 걷기운동을 꼽았다. 엘리베이터 대신 계단을 선택하여 평소 체력을 비축해온 것이다. 김지선 씨는 순산은 물론, 출산 후에 44사이즈의 몸매를 유지할 수 있었던 것도 산후조리 후 규칙적인 걷기운동 덕분이었고 말한다.

또 배우 김희선, 손태영, 장신영 씨도 태교워킹의 효과를 톡톡히 보았다며 건강 비결로 꼽고 있다. SBS 드라마 '추적자'에서 신혜라 역으로 인기를 모았던 장신영 씨는 특히 산후조리에 많은 효과를 보았는데 몸을 랩으로 싸고, 걷는 운동을 통해 16kg이나 살을 뺐다.

보통 연예인들은 살이 찌지 않는 체질이거나 특별한 관리를 받았다고 생각하지만 김희선 씨의 경우에는 출산 후 모유 수유와 걷기운동만으로 임신 중 늘었던 28kg을 감량했다고 밝혔다.

요즘은 연예인뿐만 아니라 일반인들도 출산 후 다이어트에 관심이 많은 추세이다. 태교워킹의 방법만 잘 숙지한다면 태교는 물론, 연예인 못지않은 몸매를 얻을 수 있을 것이다. 그뿐만 아니라 태교워킹을 꾸준히 하면 유연성, 지구력, 체력 등이 좋아지며 좋은 콜레스테롤이 증가하고 나쁜 콜레스테롤이 감소하기 때문에 운동으로 인한 부작용이 적은 장점이 있다.

이 밖에도 태교워킹에는 여러 가지 장점이 있다.

임신 중 건강관리와 출산 시 통증 완화에 도움이 된다

태교워킹은 몸에 무리를 주지 않아 임신부와 태아의 건강을 지켜줄 뿐만 아니라 태아에게 혈액을 원활하게 공급해준다. 또한 출산 시 심폐기능을 좋게 하여 출산 통증을 덜어주며 자궁 입구가 자극을 받아 조금씩 열리기 때문에 순산에도 도움을 준다.

태아의 뇌 발달을 돕는 태교로 활용할 수 있다

워킹 시에는 가만히 앉아있을 때보다 들이마시는 산소량이 2~3배 정도 늘어나 뱃속의 아기에게 충분히 산소가 공급되어 뇌세포 활성에 도움을 준다. 임신부의 발꿈치는 태아의 머리에 해당하므로 이 부위를 자극하면 태아의 뇌를 자극하는 효과가 있다.

시간과 장소, 비용에 구애를 받지 않는다

요가나 수영 등 다른 운동을 시작할 때면 비용이나 장소, 시간 등 이것저것 따져봐야 할 것들이 많다. 하지만 태교워킹은 의지만 있다면 특별한 제약 없이 언제든 시작할 수 있다는 장점이 있다.

뛰어난 다이어트 효과로 몸매를 관리할 수 있다

실제로 걷는 것은 뛰거나 자전거를 타는 것보다 체지방 감소에 효과적이어서 다이어트에 안전하고 확실한 방법으로 활용된다. 올바른 체중 감량으로 비만을 예방하고 몸매를 예쁘게 가꿀 수 있다.

스트레스, 우울증, 불면증 등의 해소에 도움이 된다

산책을 하다 보면 임신 중 우울한 기분이나 답답한 마음이 사라진다. 태교워킹을 하면 뇌에 적당한 자극을 주어 자율신경의 작용을 원활하게 하여 스트레스를 해소시키기 때문에 걷기를 통해 제때 스트레스를 풀어주면 정서적 안정을 얻고 우울증과 같은 정신질환도 예방할 수 있다.

출산 후 실시하는 운동으로 적합하다

수영이나 조깅 등은 출산 후 6개월 전까지 금물인 것과 달리, 워킹은 출산 후 두세 달 정도가 지나면 운동을 시작할 수 있다는 장점이 있다.

다리와 허리근육이 강화된다

임신을 하면 몸무게가 10㎏ 이상 증가하게 되므로 자연스럽게 무릎과 발목 등에 무리가 가게 된다. 이러한 발목 관절의 통증은 관리를 잘못하면 관절염의 원인이 될 수 있는데, 산책 등 태교워킹을 하면 건강한 관절을 유지하는 데 도움이 된다.

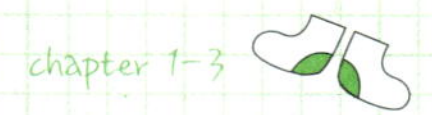

걷기는 산모의
정신 건강에 좋다

에스키모의 전통적인 관습 중 스트레스를 받거나 화가 날 때 자연 풍경의 아름다움을 느끼며 직선으로 걷는 것이 있다. 그들은 걷는 것이 감정을 추스르고 화를 푸는 데 효과적이라는 것을 알고 있는 것이다.

실제로 베를린자유대학교의 스포츠의학부는 〈중증 우울증 환자에 대한 유산소운동 처방의 효과〉라는 논문을 통해 걷기가 우울증을 치료하는 데 큰 효과가 있음을 입증한 바 있다.

또한 영국 스털링대학교 로마 로버트소나 교수는 단순히 걷는 방법만으로 우울증을 예방할 수 있다고 한다. 걸을 때마다 자신도 모르는 사이에 기분 전환에 탁월한 호르몬이 분비되기 때문이었다. 실제로 사람들은 걷는 시간 동안만큼은 다른 걱정거리를 잊을 수 있다고 한다.

특히 임신부는 가장 스트레스와 멀리해야 하지만, 임신이라는 기쁨과 함께 갑작스러운 여러 변화로 스트레스를 많이 받게 된다. 임신부 5명의 1명꼴로 우울증에 걸린다는 통계도 나와 있는 실정이다.

스스로의 변화, 혹은 주위의 작은 변화로도 감정의 기복이 심해지는 임신부에게 태교워킹은 우울증을 물리치기 좋은 운동이다. 꾸준한 태교워킹으로 뇌에 기분 좋은 자극을 주고 자율신경의 작용을 부드럽고 활기차게 만든다면 임신 중 받는 스트레스에서 벗어날 수 있을 것이다.

임신부 우울증의 여러 가지 원인

시시때때로 변하는 호르몬　　임신을 하게 되면 여러 호르몬의 분비 작용으로 알 수 없는 감정이 생기며 기분이 시시각각 변하기도 한다. 특히 감정의 변화가 클 수 있으며 우울한 기분도 자주 느낀다.

가족의 무관심　　임신부는 가장 가까운 남편을 비롯해 주변의 관심을 받고 싶고 의지하기 마련이다. 하지만 처음 임신 소식을 들었을 때 좋아하던 남편과 시댁 등 주위 사람들의 관심이 시들해지거나 반대로 지나친 관심으로 부담을 느낄 때 임신부는 우울해질 수 있다.

변해가는 몸매 임신으로 인해 변해가는 몸매를 반갑게 여길 수도 있지만 대부분의 임신부들은 예전 같지 않은 몸매에 고민이 되거나 스트레스를 받기도 한다. 맞는 옷이 임신복밖에 없다거나 출산 후에도 살이 빠지지 않을 것이라는 걱정이 스트레스를 불러올 수 있다.

출산의 두려움 출산의 고통에 대한 두려움으로 우울해하는 임신부들이 있다. 특히 출산이나 육아의 힘든 상황을 피하고 싶은 마음이 생길 수 있다.

태교워킹 활용법

산책과 함께 명상하기 꽃과 나무가 있는 공원이나 산책로에서 주위를 둘러보며 명상을 하면 긍정적인 생각을 하는 데 도움이 된다. 남편과 아기와의 행복한 미래를 생각하면서 긍정적인 사고를 하면 출산에 대한 두려움을 물리칠 수 있으며 스트레스를 극복할 수 있다.

아기와 이야기를 나누며 산책하기 태담태교는 태아와의 교감을 형성하고 순산에도 도움이 된다. 또한 대화를 하는 과정은 임신부의 우울증에 많은 도움이 된다.

태교와 함께 몸매 관리하기 태교워킹을 함께 한다면 누구나 건강하고 아름다운 몸매를 유지할 수 있을 것이다. 건강도 챙기고 예쁜 D라인을 가진 임신부가 되자.

순간순간 기록하기　　요즘은 휴대전화에 카메라가 함께 있을 정도로 카메라가 보편화되어 있다. 산책하며 예쁜 배경이나 공간을 사진으로 담아 기분 전환을 하거나 나중에 아기에게 보여줄 그림책으로 남기면 또 하나의 즐거움이 될 것이다.

임신부 피로,
걷기로 풀자

임신 31주차의 워킹우먼 임인선 씨는 점점 무거워지는 배와 잦아지는 피로감에 점심시간에 밥을 대충 먹고 잠을 선택하는 날이 많았다. 하지만 직장에서 잠깐 자는 잠이 크게 도움이 되질 않았다. 오히려 퇴근 후 피곤한 모습으로 집에 돌아와 침대에 눕기 일쑤였다. 그 후 뱃속에 있는 아기의 건강이 염려되어 점심시간에 제대로 식사를 하고 남는 시간을 활용해 회사 근처의 공원을 산책하기 시작했다. 직장동료들은 '임신부가 무리하는 것 아닌가' 하는 걱정 어린 시선으로 쳐다보았지만 오히려 인선 씨는 이전에 낮잠을 잘 때보다 더 씩씩해지고 기분이 상쾌해지는 것을 느낄 수 있었다.

고신영 씨는 둘째를 임신하면서 첫째 딸 지우에게 미안한 마음뿐이다. 임신 초기라면 누구나 겪는 피곤함이 찾아와 한창 걸을 시기인 딸에게 산책을 제대로 해주지 못해서이다. 지우가 나가서 놀아달라고 졸라도 신영 씨의 몸은 천근만근 무거웠고 때로는 자신도 모르게 잠이 들어 지우가 혼자 노는 경우도 있었다. 이대로는 안 되겠다 싶어 일주일에 두 번은 20~30분 지우와 산책을 하기로 결심했다. 처음에는 일주일에 한 번밖에 산책을 못하는 날도 있었고 몸을 겨우 일으키는 날도 있었지만 신기하게도 지우와 산책을 다녀온 날은 하루가 거의 정상적으로 돌아가곤 했다. 또한 지우와 지내는 시간도 더 많이 만들 수 있었다.

임신부가 피로감을 느끼는 일은 자연스러운 현상이다. 또한 피로를 느꼈을 때는 휴식을 취하는 것이 맞다. 하지만 꼭 잠이나 휴식만이 피로를 푸는 유일한 방법은 아니다. 위의 사례처럼 잠을 자거나 휴식을 취했을 때에도 피로를 이기지 못한다면 그때는 다른 방법으로 해결해야 한다.

실제로 영국의 한 병원에서 만성피로를 가진 사람들을 대상으로, 한 그룹은 휴식을 취하게 하고 다른 한 그룹은 걷기운동을 시켜 피로의 변화에 대해 실험을 했다. 그리고 3개월이 지나고 피로 회복의 정도를 검사한 결과, 휴식을 취한 그룹에서는 25% 정도가 피로가 사라졌다고 응답했고, 걷기운동을 한 그룹에서는 52% 정도가 피로 회복이 되었다고 응답했다.

대부분 피로감을 느낄 때 운동을 하면 몸이 더 힘들 것이라고 생각하지만, 쉴수록 더 피곤하고 나른해지는 경험을 해보았을 것이다.

가령 밤에 잠을 못 자서 낮잠을 30분 동안 자거나, 주말을 이용해 1~2시간의 낮잠은 피로를 풀기에 적당하지만, 그 이상을 자게 되면 집중력이나 반응속도가 떨어지고 무기력해져 오히려 피로를 유발하게 되는 것이다. 전문가들 또한 피로 회복에는 적절한 휴식과 함께 운동을 병행하는 것이 좋다고 이야기하며, 이는 임신부에게도 마찬가지다.

규칙적으로 걷게 되면 근육이 단단해지고 심장을 튼튼하게 만들어 혈액순환에 도움이 되기 때문에 피로를 멀리할 수 있다. 꾸준한 걷기 운동이 힘들다면 일부러 나가는 일을 만들어보자. 임신부들 모임이나 친구 모임도 좋고, 가까운 마트에서 쇼핑을 즐기는 것도 좋다. 태교워킹을 즐기는 동안 피곤함은 점점 멀어지게 될 것이다.

피로 회복에 효과적인 스트레칭

피로감이 심할 경우에는 걷기운동 전·후에 다음과 같은 스트레칭을 해보자. 모세혈관을 진동시켜 피로 회복과 신진대사를 활발하게 도와주는 동작으로 피로 회복에 도움이 될 것이다. 특히 임신 중 점점 불러오는 배로 인해 통통 부은 다리의 부종을 없애주고, 산후에는 출산 및 육아에 피로해진 몸을 회복시키는 데 효과적인 동작이다.

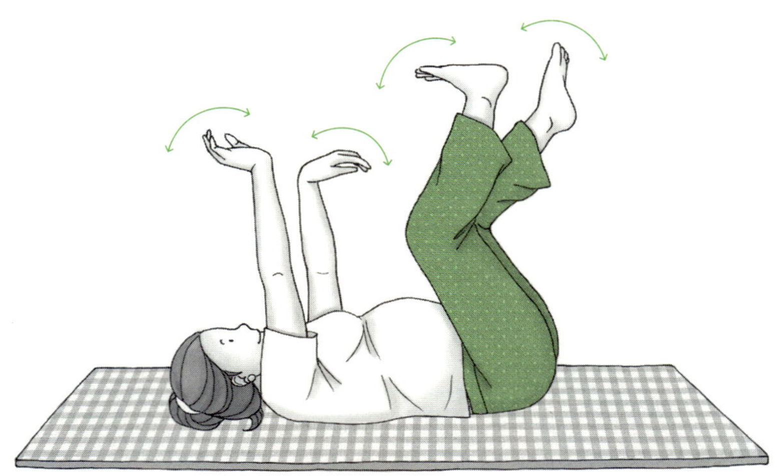

누워서 팔과 다리를 올리고 손목과 발목을 위, 아래로 교차하며 움직인다.

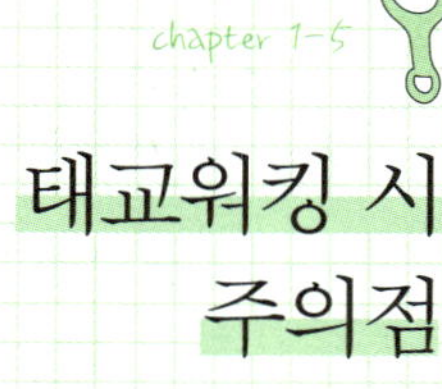

태교워킹 시 주의점

간단하고 손쉬운 걷기운동이라도 안전을 요하는 임신부에게는 주의사항이 뒤따를 수밖에 없다. 주의사항을 잘 숙지하여 태아와 자신의 건강을 지키도록 하자.

자신의 운동량을 파악한다 기존에 운동을 전혀 하지 않은 사람이라면 발목이나 허리에 무리가 갈 수 있다. 처음에는 느린 속도로 걸으며 얼마나 걸을 수 있는지 시간을 계산하여 운동량을 체크해본다.

충분한 휴식을 취한 후 시작한다 걷기운동은 식사 후 2시간 지나서, 충분한 휴식을 취했을 때 시작하는 것이 좋으나 가볍게 걷는 운동은 식후 바로 시작해도 괜찮다. 전날 무리를 했거나 밤에 잠을 잘 못 잤다면 걷기운동보다 휴식을 선택해야 한다.

호흡에 유의한다   걷기운동은 유산소운동이다. 유산소운동은 호흡을 일정하게 유지해야 오래 지속할 수 있다. 심박수가 빨라질수록 약간 힘들다고 느끼며 호흡을 코로 들이쉬고 입으로 내쉬는데, 이때 들숨은 한 번, 날숨은 두 번이 적당하다. 아주 천천히 걸을 때는 코로만 들숨 한 번, 날숨 한 번 실시해도 좋다.

수분 보충을 해준다   운동을 하면 수분이 빠져나가 탈수증상이 생길 수 있다. 더운 날은 운동을 피하고 30분 이상 걸을 경우에는 수시로 조금씩 물을 마시면서 수분을 보충해주도록 한다.

몸을 최대한 가볍게 한다   다이어트를 목적으로 하는 일반인들은 걷기운동을 할 때 모래주머니를 차거나 아령을 들고 하는 경우가 있다. 하지만 임신부는 무릎에 무리가 될 수 있으니 최대한 몸을 가볍게 하고 걷도록 한다.

몸의 자세를 바르게 한다   걸을 때 어딘가에 통증이 있다면 그때는 자세가 바르지 못하거나 무리하고 있다는 신호이다. 그럴 경우에는 잠시 쉬었다가 보통 때 걸음걸이로 5분간 걷다가 다시 바른 자세를 취해본다. 그 후에도 통증이 계속될 때는 반드시 휴식을 취해야 한다.

11자 걸음을 지킨다　　조금을 걷더라도 11자 걸음을 지키면서 걷도록 한다. 특히 배가 나올수록 8자 걸음으로 변형되기 쉬운데 8자 걸음은 고관절, 무릎관절, 발목관절을 빠르게 퇴화 또는 병들게 하며 발의 피로를 가중시키므로 걸음에도 유의한다.

경사진 곳을 피한다　　임신부의 걷기운동은 일반인과는 다르다. 막달에 진통촉진용으로 계단 오르기를 추천하기도 하지만 평소 걷기운동을 할 때에는 경사진 곳이나 계단 오르기보다는 부드럽고 평평한 곳에서 하도록 한다.

칼로리 섭취에 유의한다　　임신 기간에는 임신 전보다 약 $300kcal$를 더 섭취해야 한다. 운동할 때에 소비되는 열량을 계산하여 칼로리 섭취에도 신경 쓰며 건강을 챙기도록 한다.

chapter 2

02

태교워킹을 위한 프로그램

태교워킹은 임신 초기부터 출산 전까지 가능한 운동이지만 무리해서는
안 된다. 임신 전에 운동을 하지 않았던 임신부는 일주일에 3회로 계획을
세우고, 운동을 했던 사람이라도 자신의 신체적인 상황을 고려해 계획을
세운다. 처음에는 가벼운 목표로 시작하되, 자신이 할 수 있을 만큼 점차
운동량을 늘려가는 것이 좋다.

잘못된 걷기와
바르게 걷기

대부분의 사람은 자신의 걸음걸이에 크게 문제가 없다고 생각한다. 정확히 말하면 자신의 걸음걸이가 어떠한지 정확히 모른다. 길을 걷는 수많은 사람 중 제대로 된 자세로 걷는 사람이 얼마나 될까? 한 통계자료에 따르면 단 25%만이 바르게 걷고 있다고 한다. 걷기에서 가장 중요한 것은 '많이 걷기' 보다 '바르게 걷기'이다.

예쁜 얼굴의 여성이라도 하이힐을 신고 삐뚤빼뚤 걸으면 매력이 떨어진다. 멋지게 차려입은 남성도 걸음걸이가 팔자라면 그만큼 호감은 떨어진다. 이처럼 외관상의 문제도 있지만 가장 중요한 건 걸음걸이가 바르지 않으면 건강을 해칠 수 있다는 점이다.

특히 임신을 하면 배가 나오면서 엉덩관절(고관절)에 과도한 힘이 가해지기 때문에 이를 완화하기 위해 저절로 상체를 뒤로 젖힌다. 이 자세가 지속되면 허리뼈의 전만(앞으로 볼록하게 굽은 척추 배열)이 심해지고 그로 인해 골반은 앞쪽으로 경사가 져 걸음걸이의 변화가 생긴다. 잘못된 자세로 걷는 것이 오래되면 골반이 변형되거나 허리 통증이 생길 수 있으니 바른 자세로 걷는 연습이 필요하다.

잘못된 걷기

대표적으로 잘못된 걸음이 '팔자걸음'이다. 걸을 때 보통 발의 각도가 7~15도 정도 벌어진다면, 팔자걸음은 15도 이상 벌어지는 걸음이다. 선천적인 영향도 있지만 평소 양반다리로 자주 앉는다면 허벅지 안쪽 근육이 늘어나고 바깥쪽 근육은 뭉치고 긴장하게 되어 이때 다리가 'O'자가 되면서 팔자걸음이 된다.

팔자걸음이 오래되면 허리와 다리 관절에 통증을 일으킨다. 원래 허리뼈가 C자 모양이라면 팔자걸음은 엉덩이 관절이 굳어져 골반이 아래로 당겨지면서 일자로 만든다. 대부분의 임신부가 걸을 때 편하기 위해서 팔자로 걷지만 오래 지속되면 허리디스크(추간판) 탈출증, 척추관 협착증, 다리 관절통으로 이어질 수 있다.

팔자걸음을 고치기 위해서는 고관절의 긴장을 풀고 발목 유연성을 키워야 한다. 허벅지 바깥쪽 근육 가운데 눌러서 아픈 부위를 수건으로 두른 동그란 나무 등을 이용해 마사지를 해주고 가벼운 스트레칭을 하며 고관절의 긴장을 풀어준다.

또 발목은 다리를 편 뒤 발가락 끝으로 원을 그리는 듯 관절 운동을 하면 도움이 된다. 엉덩이를 조이는 운동과 엉덩이와 복부에 긴장감을 주면서 걷는 연습도 관절을 강화해 바른 걸음걸이를 유지하는 데 도움이 된다.

이 외에도 양발 사이의 거리를 넓혀 작은 보폭으로 걷거나 옆으로 흔들며 걷는 경우도 있는데 작은 보폭으로 걷게 되면 다리 관절에 무리를 주게 된다. 또 옆으로 흔들며 걸을 때는 조금만 걸어도 쉽게 피곤함을 느끼게 되어 오래 못 걷는다. 보통 다리 사이가 넓을 때 이렇게 걷게 되므로 의식적으로 다리 사이의 폭을 좁혀 빠르게 걸어보도록 한다.

올바르게 걷는 노하우

착지 : 발뒤꿈치부터 닿도록　　발을 디딜 때 보폭이 커질수록 발이 감당하는 무게가 자기 몸무게의 2~3배가 넘는다. 이 정도의 무게를 매번 발이 흡수하지 못한다면 계속되는 충격으로 발목과 무릎관절 등에 무리가 갈 수밖에 없고 더 큰 문제를 만들 수도 있다.

충격을 제대로 흡수하기 위해서는 착지 시 무릎 관절을 완전히 펴지 않고 160~170도 유지한 상태로 가장 먼저 발뒤꿈치가 바닥에 닿게 하고, 발뒤꿈치부터 발의 앞쪽까지 발바닥 전체를 순서대로 바닥에 닿게 걸어야 한다. 또한 몸의 무게는 발의 바깥쪽에 실어준다는 생각으로 걷는다. 발뒤꿈치부터 바닥에 닿으면서 자연스럽게 전체가 굴러가듯 발바닥이 닿게 되고, 마지막으로 닿는 발의 앞부분이 땅을 힘차게 밀어내는 모양이 된다.

이때 지면과 발뒤꿈치의 각도는 약 35~40도가 가장 이상적인데, 발등과 정강이가 90도를 이루면 에너지 소모가 가장 적다. 각도를 너무 크게 하거나 작게 할 경우 바른 걸음걸이가 되지 않아 다른 곳에 무리를 줄 수 있으니 처음에는 자신의 걸음걸이를 의식하며 걷는 연습이 필요하다.

올바른 착지를 위해서는 6단계 과정을 머릿속으로 그리면서 걸어야 한다. 6단계란 ① 뒤꿈치가 노면에 닿는다 ② 몸이 앞쪽으로 약간 움직일 때 발끝이 노면에 툭 떨어진다 ③ 몸이 수직이 되어 발바닥 전체에 압력과 저항을 받는다 ④ 발목이 앞쪽으로 꺾인다 ⑤ 족지관절이 휘어진다 ⑥ 노면을 차고 나간다 등의 순서를 말한다.

처음에는 이것이 번거롭고 귀찮을 수 있지만, 계속 반복하다 보면 올바른 걸음걸이가 습관이 되고, 적은 에너지를 소모하면서도 효과적으로 걸을 수 있기 때문에 걷고 난 후에도 피로를 줄일 수 있게 된다.

① 뒤꿈치가 노면에 닿는다 ② 몸이 앞쪽으로 약간 움직일 때 발끝이 노면에 툭 떨어진다 ③ 몸이 수직이 되어 발바닥 전체에 압력과 저항을 받는다 ④ 발목이 앞쪽으로 꺾인다 ⑤ 족지관절이 휘어진다 ⑥ 노면을 차고 나간다 등의 순서로 착지한다.

 걸을 때 두 발은 걸어가는 방향과 발 모양을
나란히 하여 11자 모양으로 걸어야 한다. 이때 발에 실리는 힘이 발
바닥 전체로 나뉘어 오래 걸어도 발바닥에 무리를 주지 않기 때문이
다. 11자 모양을 갖추며 발뒤꿈치부터 발 앞쪽으로 자연스럽게 무게
중심을 이동시키며 걸을 때 건강을 지키는 걸음걸이가 된다.

발을 11자 모양으로 만들어 걸을 때, 양발 사이의 너비를 '스탠스'
라고 한다. 오른발 안쪽 복사뼈에서 왼발 안쪽 복사뼈까지의 거리로,
스탠스를 넓게 유지하고 걸으면 다리 관절의 움직임이 작아져 속도가
느려지고, 좁게 유지하고 걸으면 다리 관절의 움직임이 커져 속도가
빨라진다. 태교워킹을 할 때 효과가 좋은 것은 스탠스를 좁고 일정하

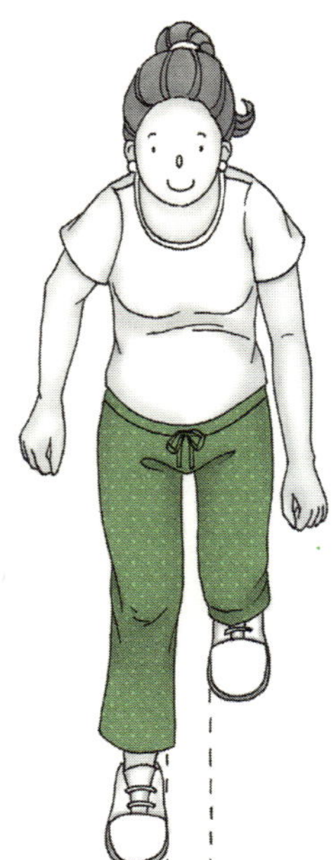

걸을 때 두 발은 걸어가는 방향과
발 모양을 나란히 하여 11자 모양
으로 걸어야 한다.

게 유지하며 걷는 것이다.

일반적으로 운동 능력이 떨어지고 요령이 부족한 사람은 걸을 때 스탠스가 넓고 일정치가 않다. 스탠스가 불규칙하게 되면 몸이 좌우로 흔들려 불필요한 힘이 신체 곳곳에 가해지게 된다. 그러면 안정된 걸음걸이를 유지할 수 없어 몸에 부담만 주기 때문에 바르게 걷기 위해서는 스탠스를 좁고 일정하게 유지하는 연습이 필요하다.

하지만 개인적인 차이도 있고, 처음부터 무리해서 좁게 연습하다 보면 태교워킹에 재미를 붙이기 전에 지칠 수 있으므로 먼저 자신의 스탠스를 일정하게 유지하는 연습부터 해나가도록 한다. 그 후 차차 스탠스를 조금씩 좁혀나가며 운동 효과를 높이도록 한다.

보폭 : 자기 신장에서 100을 뺀 정도로 걸어라　　　보폭의 길이는 앞에 있는 발의 뒤꿈치부터 뒤쪽 발의 뒤꿈치까지의 거리다. 평상시 걸을 때 보폭은 자신의 신장에서 100을 뺀 정도로 걷는 것이 적당하다. 운동 효과를 높이기 위해서는 보폭의 크기를 더 크게 하기도 하지만 임신부는 일반 사람들에 비해 무리가 될 수 있으니 적당한 보폭을 유지한다.

보폭이 적당하지 않았더라도 처음부터 욕심내어 고칠 필요는 없다. 보통 걷기운동을 많이 하지 않았기 때문에 보폭 조절도 잘 되지 않는 것이다. 자연스럽게 바른 자세로 걷다 보면 어느새 걷기 능력이 향상되면서 적절한 보폭에 맞춰지게 될 것이다.

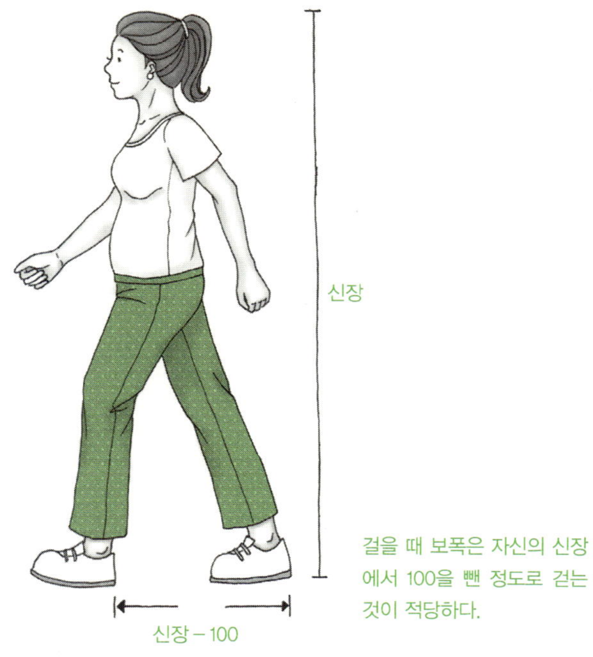

운동의 강도 : 약간 힘들다는 느낌이 드는 정도로 사람들이 쉽게 생각하는 운동의 척도는 바로 땀이다. 땀이 많이 날수록 운동에 더 효과적이라고 생각하는 사람이 많다. 하지만 아무리 운동을 많이 해도 땀이 나지 않는 사람이 있듯, 땀은 개인의 체질이나 운동 능력과 관계가 있는 것으로 운동의 효과와는 별개이다. 그러므로 땀이 날 때까지 많이 걷는다는 생각보다는 자신이 느끼기에 약간 힘들다는 생각이 드는 정도로 운동한다. 예를 들어, 옆 사람과 이야기할 때 숨이 조금 차는 정도가 적당하다.

개인의 몸 상태나 운동 상태에 따라 운동 효과는 다를 수밖에 없다.

때문에 '하루에 몇 킬로미터를 걸어야 한다'라든가 '몇 킬로미터의 거리를 몇 분 정도에 걸어야 한다'라는 기준에 맞추는 것은 임신부에게는 아주 위험한 일이다. 예를 들어 일반 사람과 임신부가 같은 강도로 걷기운동을 한다면, 일반인에게는 운동 효과가 줄어들거나 임신부에게는 위험한 결과를 초래할 수도 있다. 결국 태교워킹을 할 때에는 남들의 운동 기준에 맞추기보다 자신이 느끼는 신체 반응에 더 맞춰야 한다.

'주관적 운동 강도(RPE)'는 운동을 하면서 느껴지는 부담의 정도를 과학적 데이터에 근거하여 주관적인 숫자로 표현한 것인데, 성별이나 나이, 운동 경력, 문화적 차이, 운동 당시 외적 조건에 따라 대상자가 느끼는 운동 강도에 바탕을 둔 운동자각도라 할 수 있다. 이런 주관적 운동 강도를 기준으로 자신에게 가장 알맞은 운동 강도를 찾는 것이 현명하다.

임신부 상태에 따른 적당한 주관적 운동 강도(RPE)

	일반적인 임신부	운동을 전혀 안 했거나 좌식생활에 익숙한 임신부	몸이 허약체질이거나 병원에서 다른 처방을 받은 임신부
RPE 13	약간 힘들다고 느껴지는 운동 강도 자신의 최고 운동 능력이 100%라고 할 때 60% 미만의 수준		

RPE 11		편하다고 느껴지는 운동 강도 자신의 최고 운동 능력이 100%라고 할 때 50% 미만의 수준	
RPE 9			많이 편하다고 느껴지는 운동 강도 자신의 최고 운동 능력이 100%라고 할 때 40% 미만의 수준

신체 부위별 올바른 자세

시선 : 전방 15~20m　　걸을 때 시선은 되도록 전방 15~20m쯤을 바라보는 것이 좋다. 이것은 목과 어깨와 관련이 있는데, 땅을 보거나 발에 시선이 가게 되면 고개도 아래로 향해 몸의 중심도 머리 쪽으로 쏠리게 된다. 이럴 경우 목과 어깨에 무리를 주어 운동이 끝난 후 통증을 느낄 수 있다. 그러므로 턱을 약간 당기고 시선은 앞을 바라보며 씩씩하게 걷는다. 몸의 무게 중심이 바로잡혀야 몸 전체의 근육과 자세도 바로 잡힌다.

호흡법 : 들숨 – 날숨 – 정지　　운동을 할 때 보통 자연스럽게 호흡하면 된다고 생각하지만 건강한 걷기를 위한 호흡법은 따로 있다. 운동할 때의 호흡은 심장은 물론, 팔과 다리의 근육에 산소를 공급

걸을 때 시선은 되도록 전방 15~20m쯤을 바라보는 것이 좋다.

하는 역할을 해 운동을 지속할 수 있는 힘을 만든다. 이때 너무 느리거나 빠른 호흡은 몸속의 산소를 부족하게 만들어 어지럼증이나 심장에 무리를 줄 수 있다.

기본적인 호흡 방법은 '들숨 – 날숨 – 정지'의 3단계가 한 번의 호흡 과정이다. 단, 가볍게 걸을 때는 입을 다문 상태에서 숨을 코로만 한 번 들이마시고 코로 내쉬면 되지만 운동을 할 때처럼 약간 빠른 속도로 걸을 때는 입을 조금 벌려 코와 입으로 동시에 들이마시고 내쉬도록 한다. 걸음이 빨라지고 심장 박동수가 빨라질수록 입을 더 벌리며 충분한 호흡을 해주어야 한다. 또한 내쉬는 시간을 들이마시는 시간보다 2배 정도 길게 하는 것이 적당하다. 예를 들어 1초 동안 숨을 들이마셨다면 2초 정도 내쉬는 것이다.

태교워킹 중 호흡법이 중요한 또 한 가지 이유는 순산에 도움이 되기 때문이다. 태교워킹을 통해 호흡을 습관화한다면 출산 시에도 자연스러운 호흡이 이루어질 것이다.

다만 겨울과 같이 추운 날에는 반드시 코로만 숨을 쉬는 것을 권한다. 코로 숨을 쉬면 코로 들어온 차가운 공기는 습도와 온도가 조절되어 몸에 무리를 주지 않는데, 입으로 들이마시면 입안이 건조해져 세균 감염의 위험을 높여 감기 등에 노출되기 쉽기 때문이다.

팔 : 자연스럽게 앞뒤로 　　보통 사람들은 달릴 때의 팔 동작이 자연스러운 반면 걷기운동을 할 때는 어색해한다. 공원에서 운동하고 있는 사람들을 보면 팔을 어깨보다 더 넓게 벌리거나 많이 좁게 북을 치듯 걷는 사람들이 많은데 이런 동작은 걷는 속도와 팔의 움직임이 서로 균형이 맞지 않는다는 것을 뜻한다.

팔의 움직임은 속도와 보폭과 관련이 있다. 보폭이 크고 속도가 빠를수록 팔의 움직임도 커지고 빨라진다. 또한 팔 동작이 정확할수록 다리의 동작도 정확해지고 바르게 되므로 팔도 바른 자세를 취해야 한다.

걸을 때 가장 균형이 맞으면서 운동 효과가 좋은 자세는 가슴을 펴고 어깨를 수평으로 만든 뒤, 달걀을 쥔 듯 가볍게 주먹을 쥐는 것이다. 또 손목은 안쪽으로 살짝 비틀고 팔은 가장 편안하고 자연스럽게 앞뒤로 흔들어준다.

팔꿈치는 뒤에서 앞으로 이동할 때 옆구리를 스치며 앞으로 나가는 순간부터 구부러지기 시작한다. 그리고 가장 높이 올라가 가슴쯤에 다다랐을 때 가장 많이 구부러지게 되며, 다시 뒤로 이동하기 위해 올렸던 손을 내릴 때 팔꿈치는 다시 펴지게 된다. 양쪽 팔은 이 동작을 번갈아가며 자연스럽게 되풀이하며 걷는 것이 가장 좋은 자세다.

마지막으로 양팔은 벌리지 않고 될 수 있는 한 몸쪽으로 붙여 오른손은 오른쪽 가슴에, 왼손은 왼쪽 가슴에 중심을 두고 앞뒤로 자연스럽게 흔들어주도록 한다. 앞서 말했듯이 북을 치듯 좁히거나 반대로 벌리고 걷게 되면 에너지 소모가 많아져 그만큼 빨리 지치고 걷고 난 후 어깨에 통증을 느낄 수도 있다.

무릎 : 약간 구부리기 임신부는 그냥 걸어도 하중이 밑으로 쏠려 다리에 무리가 많이 간다. 그렇기 때문에 다리의 동작 또한 제대로 알고 태교워킹을 하는 것이 좋다. 보통 무릎을 튼튼하게 하기 위한 걷기 자세는, 앞으로 나간 발이 착지할 때 무릎을 완전히 펴지 말고 약 160~170도 정도로 구부려 충격을 완화하고, 뒤로 간 발은 자연스럽게 굽혀주어야 한다.

무릎을 펴서 걸으면 관절에 무리가 가기 때문에 위험할 수 있다. 따라서 무릎관절에 통증을 느낀다면 걸을 때 무릎관절을 5~7도 정도만 구부린 상태로 걷도록 한다. 좀 더 균형감 있게 걸을 수 있으며 무릎 통증도 완화할 수 있다.

　　바르게 걷기 위해서 상체는 가슴을 펴고 아랫배에 힘을 빼고 걷는데, 이때 엉덩이와 골반은 다리가 나갈 때마다 좌우 또는 앞뒤로 움직여 살짝 앞으로 밀어주며 걷는다. 만약 엉덩이를 뒤로 빼게 되면 상체가 앞으로 숙여지고 허리 쪽의 인대와 근육들이 굳게 된다. 그러면 통증이 생기고 근육이 약해져 걷는 데 힘이 많이 든다.

허리는 걸을 때 몸을 움직이게 하는 중심 역할을 하기 때문에 아주 중요하다. 그러므로 허리뼈와 인대, 그리고 근육들이 유연하게 움직여야 걸을 때도 편하고 운동 효과도 높일 수 있다.

허리가 유연할수록 엉덩이의 운동 범위도 커지고, 엉덩이가 크게 움직일수록 허리 부분의 인대와 근육도 튼튼해져 요통도 줄일 수 있고 디스크에 걸릴 확률도 낮아진다. 따라서 태교워킹을 할 때 허리와 엉덩이는 활발하게 움직이는 것이 좋다.

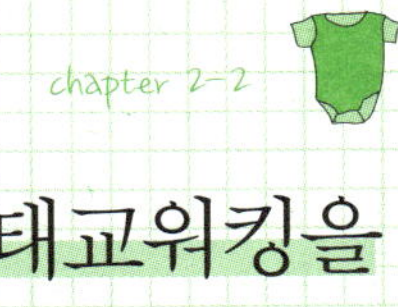

태교워킹을 위한 준비물

태교워킹은 많은 장비가 필요하지 않은 운동이다. 하지만 '걷기 운동인데 무슨 특별한 것이 있을까'라는 가벼운 생각으로 잠깐 외출하듯 나갔다가는 당황하거나 위험한 상황을 맞을 수도 있다. 특히 임신부는 태아와 자신의 건강이 중요하므로 준비물을 꼼꼼히 챙기도록 하자.

기본적인 준비물

운동화　　　걷기에 가장 기본이 되는 것은 바로 운동화다. 시중에는 여러 종류의 운동화가 나와 있지만 모두 걷기운동에 도움이 되는 것은 아니다. 가장 꼼꼼히 따져봐야 할 것은 장시간 걸어도 발이 편해야 한다는 것. 운동화를 구매할 때는 1분 정도 신고 걸어보고 자신의 발에 맞는지 확인해보는 것이 좋으며 양쪽 발의 크기가 다르다면 큰 쪽의 사이즈를 맞추도록 한다.

운동복 복장도 운동화만큼 중요한 비중을 차지한다. 몸에 붙지 않고 편안한 옷을 입었을 때 움직임이 자유롭고 올바른 동작을 취할 수 있다. 또한 공기가 잘 통하고 바람을 막아줄 수 있는 면 소재의 옷이 가장 적합하다. 날씨가 추울 때에는 바람막이 점퍼를 함께 착용한다.

양말 걷기는 발을 직접 사용하는 운동이기 때문에 발을 보호하는 양말 또한 중요한 준비물이다. 땀을 흡수하면서도 신축성이 좋은 면 100%가 좋은데, 면양말은 마찰을 줄이고 피부에도 좋다. 걸을 때의 충격을 완화하려면 어느 정도 두께가 있는 양말이 좋다. 요즘은 시원하면서 두께감이 있는 쿨맥스 소재의 양말도 시중에 많이 있으니 참고하자.

물 임신부는 탈수 증상에 유의해야 하므로 물을 준비하여 갈증이 느껴질 때마다 수시로 마셔 수분을 보충하도록 한다. 이때 물은 한꺼번에 많이 마시지 않고 소량으로 자주 마셔야 한다. 또한 천천히 마서야 흡수가 빠르다.

그 외의 준비물

만보기　만보기를 통해 걸음 수를 정확하게 확인해보자. 수치가 눈에 보일 때 보다 목표가 뚜렷해지고 힘이 날 뿐만 아니라 스스로 격려가 될 것이다. 또한 태교워킹을 통해 소비한 칼로리를 계산할 수 있으므로 체중 관리가 필요한 임신부에게는 유용하다.

MP3　좋아하는 음악을 들으며 걷다 보면 지루함을 잊을 수 있다. 걸을 때는 특히 마음이 평온해지는 뉴에이지 음악이나 기분 전환에 도움이 되는 밝은 노래가 좋다. 하지만 템포가 너무 빠르면 그만큼 걸음걸이도 빨라질 수 있으니 아주 빠르지 않은 음악이 좋다. 단, 이어폰을 꽂고 음악을 듣다 보면 자전거나 자동차 등이 오가는 소리를 못 들어서 안전에 위험을 줄 수 있으므로 주의한다.

여벌옷과 수건　야외에서 하는 운동인 만큼 계절이나 날씨 변화에 영향을 많이 받는다. 추울 경우 얇은 옷을 여러 겹 입는 것이 좋으므로 여벌옷을 챙기고 더운 날에는 땀을 닦아줄 수건이나 티슈 등을 준비한다.

모자와 선그라스　햇빛이 강할 때 필히 준비한다. 모자는 햇빛을 막아주기 적당한 챙이 넓은 것을 사용한다.

자외선 차단제　피부를 보호하기 위해 발라준다. 임신부는 특히 전문의의 조언에 따라 순한 제품을 바르도록 하고 SPF 수치가 높은 것보다 낮은 것을 여러 번 발라주는 것이 더 효과적이다. 태교워킹 후 집에 돌아와서는 미백효과가 큰 팩이나 마사지로 손질하는 습관을 들이면 기미를 줄이거나 예방할 수 있다. 평소 비타민이 많이 함유된 오렌지, 키위, 딸기 같은 과일을 충분히 섭취하고 스트레스 받지 않는 생활습관을 가지도록 한다.

응급 시 준비물　언제, 어디서, 어떤 응급상황이 발생할지 모르니 지갑과 의료보험증, 진료카드를 준비하도록 한다.

더 알아보기

건강한 발을 위한 기능성 운동화, 발가락신발

여러 기능을 가진 다양한 기능성 신발이 출시되고 있지만 맨발과 닮아 맨발의 효과를 그대로 내고 있는 '발가락신발'이 등장하여 운동 애호가들의 관심을 얻고 있다.

• 발가락신발의 기능

6단계 착지 유도 : 발가락신발은 뒤꿈치가 지면에 닿는 순간부터 지면을 차고 앞으로 나아갈 때까지 발바닥의 관절이 6단계로 움직이게 도와준다. 이 방법은 관절이 꺾일 때 근육과 인대를 튼튼하게 만들어 운동 능력이 향상되고 발과 몸 전체가 건강해지도록 도와준다.

• 발가락신발의 효과

– 발바닥의 관절들이 지면에 저항을 받아 균형 감각이 좋아져 안전하게 서 있을 수 있고 편안하게 오래 걸을 수 있게 된다.

– 발가락신발을 신고 운동을 하면 지면으로부터 받는 자극의 범위가 높아져 체지방을 감소해주고 근육도 발달시켜준다. 이로 인해 체내 신진대사도 촉진되고 면역력을 키울 수 있다.

– 발가락신발은 착지 과정에서 몸무게의 충격과 저항을 적절하게 조절해줘 뼈 골밀도를 높이고 골다공증을 예방, 치료할 수 있게 도와준다.

– 발가락신발은 상하좌우의 움직임을 높여주어 체력이 약한 사람들의 운동 효과를 극대화해주며 건강하게 만들어준다.

자료제공 : ㈜런조이 인터내셔널(www.runjoy.co.kr)

임신부에게 맞는
신발 고르기

임신 전 멋쟁이였던 이연정 씨는 임신 후에도 멋진 몸매를 지키기 위해 매일 걷기운동을 실시했다. 그런데 운동 후 이상하게 더 지치고 피로감이 몰려왔다. 아직 적응 단계라 익숙해지면 괜찮아질 거라는 생각으로 꾸준히 30분 이상 걷기운동에 매진했지만, 어떤 날은 서 있는 것조차 힘들어 20분도 못 채우고 한참을 벤치에서 쉬다 오기도 했다. 걷기가 자신과 맞지 않는 운동이라 생각하고 다른 운동을 해보려고 생각하는 순간, 갑자기 극심한 발바닥 통증을 느꼈다.

그녀가 병원을 찾아 상담한 결과 원인은 걷기운동이 그녀와 맞지 않아서도 아니었고 그녀의 몸에 이상이 있는 것도 아닌, 바로 신발이 문제였다. 그녀의 발은 아치가 높고 발목이 바깥쪽으로 기울여져 있는 '외전형'의 발이었다. 이런 모양은 발이 바닥에 충분히 굴러지지 않아 충격을 효과적으로 흡수할 수가 없다. 그녀가 신었던 안정형의 신발이 발의 움직임을 오히려 방해했던 것이다.

우리 몸을 지탱하는 발은 인체의 축소판이라고 불릴 만큼 오장육부가 모여 있으며, 사람의 몸을 지탱하는 동시에 보행을 가능하게 해주는 중요한 역할을 한다. 그러므로 신발 선택 또한 신중하게 해야 한다.

좋은 신발이란 발을 보호하고 편안한 착용감은 물론, 발이 땅에 닿았을 때 받게 되는 충격을 적절히 흡수해 척추의 건강도 지켜주는 신발이다. 만약 신었을 때 불편하거나 발 모양이 크게 변하는 신발은 좋지 않은 신발이다.

특히 임신부의 경우 몸무게가 많이 나갈수록 뒷굽이 높거나 바닥 쿠션이 많은 신발을 신으면 착지할 때 발목의 외회전과 내회전이 커져 발목 염좌나 부상을 일으킬 수 있다.

걷기 열풍이 불기 시작하면서 신발 시장은 너도나도 걷기에 좋다는 신상품을 출시했다. 일반 사람들은 광고를 믿고, 혹은 무조건 비싼 신발이 좋다는 생각으로 시중에 나와 있는 신발을 사곤 한다. 하지만 '브랜드라서', '비싼 신발이라서'는 좋은 신발의 조건이 될 수 없다.

1954년 로저 베니스터가 1600m를 3분 59초에 들어왔을 때 그가 신고 있던 신발은 가죽덧신이었다. 또한 1989년 스위스 예방의학 전문의 베르나르드 마티는 최고급의 비싼 러닝화를 신은 사람들과 값이 저렴한 밑창이 얇은 신발을 신은 사람들을 비교하는 실험을 했다. 그 결과 비싼 러닝화를 신은 사람들이 저렴한 신발을 신은 사람들보다 123%나 더 많은 부상을 입어 신발의 차이는 가격과 무관함을 증명했다.

이는 스탠퍼드대학교의 육상팀 코치의 농담을 진실로 만드는 실험이기도 했다. 그는 "(운동화가) 두 배의 가격이면, 두 배의 부상을 만든다"라고 말하며 최대 규모의 신발회사가 후원해주는 신발을 받지 않고 오히려 맨발로 운동을 시켰다고 한다.

그렇다면 걷기운동에 적합한 신발은 무엇일까?

운동화　　대부분의 사람이 비싼 워킹화를 선호하지만 태교워킹을 위해 특별히 비싼 워킹화를 신지 않아도 된다. 물론 워킹화를 신고 태교워킹을 하면 발이 받는 하중을 더 많이 분산시킨다. 하지만 쿠션이 많은 기능성 워킹화는 정상인 또는 O자 다리의 경우 발이 외회전하면서 바깥쪽 쿠션이 내려앉고 안짱다리의 경우 안쪽 쿠션이 내려앉아 임신부의 약해져 있는 발목이 꺾이거나 염좌를 일으킬 수 있다. 그러므로 일반 운동화 중에서 쿠션이나 모양 등을 꼼꼼히 살펴서, 임신부에게 무리가 없다면 신어도 괜찮다.

쿠션　　달릴 때의 모습을 재연하면 발바닥의 뒷부분이 바닥에 강하게 닿는 것을 알 수 있다. 그것은 걸을 때보다 발바닥의 뒷부분이 약 2배 이상의 충격을 받는다는 이야기이다. 그러므로 조깅화는 바닥 부분에 쿠션이 강화되어 있다. 이 부분도 걸을 때와 뛸 때의 차이점

중 하나다.

걷기에 적합한 신발은 바닥 뒷부분의 쿠션이 3*cm* 이하로 걸을 때 발뒤꿈치에 받는 충격을 적절히 흡수해주는 신발이어야 한다.

신발의 쿠션도 수명이 있다. 평소 알뜰한 사람들은 신발이 해지거나 찢어지지 않는 이상 신발을 오래 신으려고 하지만 건강을 위해서는 현명하지 못한 방법이다. 오래된 신발은 겉보기엔 멀쩡해 보이더라도 1,000*km* 이상 걸은 신발이라면 바닥 쿠션이 내려앉아 제 역할을 해내지 못한다. 그러므로 적어도 하루에 20분 이상 걷기운동을 시작했다면 워킹화는 1년에 한 번씩 바꿔주는 것이 좋다.

신발 크기 태교워킹을 할 때는 발이 가장 편안해야 한다. 신발이 작아서 조인다는 느낌을 받으면 뼈가 스트레스를 받고 압력이 높아져 발바닥과 그 부근의 관절이 제 역할을 해내지 못한다. 또한 발의 피로가 증가해 오래 걸을 수 없고 심하면 통증으로 이어질 수 있다. 내 발에 신발을 맞추려면 신어보고 발가락을 움직여보자. 발가락이 자유롭게 움직일 수 있을 정도로 넉넉한 것이 가장 잘 맞는 신발이다.

반면, 신발이 너무 커도 불편한 것은 마찬가지다. 걸을 때 발바닥 앞부분으로는 힘차게 땅을 내딛으며 앞으로 나아가는 데 신발이 크면 발과 신발 사이의 남은 공간 때문에 발바닥에 강한 힘을 줄 수 없어 도리어 몸이 긴장하게 되고 조금만 걸어도 금방 지치게 된다.

통풍 기온이 높은 여름철에는 바람이 잘 통하도록 망사로 이루

어진 신발을 신으면 좋다. 통풍이 잘되는 신발이나 여름용 전문 워킹
화를 신어 걸을 때 발에서 생기는 열이 효과적으로 빠져나갈 수 있
도록 한다.

임신부에게
좋은 음료, 물

물은 우리 몸의 65~70%를 차지하고 있으며 약 3%만 부족해도 갈증과 탈수증으로 운동 능력과 지구력이 급격히 떨어진다. 더 나아가 약 5%가 부족하면 운동이 불가능할 정도로 무기력해지며 8% 이상 부족하면 의식을 잃고 사망에 이를 수 있다.

반면 물을 충분하게 섭취를 해준다면 건강한 생활을 유지할 수 있다. 수분은 혈액을 원활하게 순환해주고, 혈액 속 숨겨진 에너지로 인체의 각 기관이 정상적인 활동을 할 수 있게 도와준다. 더 나아가 지방 분해를 도와 근육을 유지해 콜레스테롤의 축적을 막아 비만은 물론 성인병 예방에도 효과적이다.

우리의 몸을 유지하는 데 필수적인 물은 평소에도 1.5~2l의 수분을 보충해줘야 하는데 운동을 하거나 아기를 품고 있는 임신부에게는 더욱 필요한 요소이기 때문에 수분 보충에 각별히 신경 써야 한다.

물이 우리 몸에 좋은 10가지 이유

❶ 음식을 잘 소화할 수 있도록 도와 위를 튼튼하게 해준다.

❷ 당뇨병 등 질병을 예방해주고 면역력을 길러준다.

❸ 혈액, 체액의 농도를 일정하게 유지해준다.

❹ 감기, 만성기관지염 등을 예방해준다.

❺ 몸 안의 노폐물들을 제거해준다.

❻ 변비를 해결해주고 피부를 탄력 있고 매끄럽게 만들어준다.

❼ 피로물질을 밖으로 빼내 피로 회복에 도움을 준다.

❽ 스트레스를 해소해준다.

❾ 체온과 체액을 조절해준다.

❿ 탈모 예방에 좋다.

이렇게 일상생활뿐만 아니라 생명을 유지하는 데 꼭 필요한 물이 임신부에게도 가장 좋은 음료가 되는 것은 당연하다. 많은 임신부가 소화불량으로 매스꺼움을 느껴 탄산음료를 마시곤 하는데, 일시적으로 편안함을 느낄지는 모르지만 실제로는 큰 효과가 없다. 오히려 탄산음료를 많이 섭취하게 되면 아이는 아토피에 걸릴 확률이 높아진다.

　대전대학교 한의대 의료진이 유치원생 400명을 대상으로 아토피 체질을 검사했다. 아토피와 알레르기 증상을 보인 아이들의 부모에게 임신 중 즐겨 먹었던 음식과 탄산음료 섭취 여부에 대한 설문조사 결과, 부모가 탄산음료를 자주 먹은 경우 아토피 발생률이 2배 이상 높은 것을 알 수 있었다. 게다가 아토피 증상이 심한 아이들의 모발을 분석한 결과 90%가 피부 트러블과 성장장애를 유발하는 아연 결핍 증세를 보이기도 했다. 엄마가 임신 중 탄산음료나 오염된 물을 마시면 양수로 흘러들어 양수를 더럽히고 출생 후 아기의 면역력을 떨어뜨리며 질병을 유발할 위험성이 높아지는 것이다.

　대신 하루 1.5~2l의 물을 마신다면 입덧과 소화불량에 도움이 되고, 더 나아가 양수를 정화시켜 태아에게 최적의 환경을 만들어줄 수 있다.

　또한 철분제를 섭취하기 시작하면서 변비가 생기고 임신 후에는 아기 머리가 엄마의 장을 눌러 장의 운동도 힘들어진다. 이런 문제들도 물 섭취로 충분히 해결할 수 있다.

　운동할 때에는 에너지를 소비하는 만큼 더욱 수분 섭취에 신경 써야 한다. 운동 중에는 땀으로 체내 수분은 물론 전해질, 비타민이 빠져나가 갈증을 느끼고 식욕도 떨어져 결국 온몸에 피곤을 느끼게 된다. 이럴 때 충분히 물을 섭취하지 않는다면 구토, 어지럼증 등 탈수 증상이 일어나 심할 경우에는 심장에까지 무리를 줄 수 있다. 특히 임신부에게 탈수증상이 오면 현기증뿐만 아니라 고혈압, 조기진통, 심하면 유산, 조산에도 이를 수 있다.

걷기운동 하면서 물 먹는 방법

수분 섭취를 위해 물을 무조건 많이 먹는다면 오히려 운동 중 더 빨리 지칠 수 있다. 운동 중에 물을 먹는 방법은 따로 있다. 다음 방법대로 실천하면서 태교워킹을 해보자.

운동 전 1~3잔 운동 전에 갈증 정도에 따라 물을 1~3잔 마신다. 갈증 정도는 소변 색으로도 알 수 있다. 소변 색이 진하고 거품이 난다면 수분이 부족한 것이므로 2~3잔 정도 마셔 수분을 충분히 섭취한다.

운동 중 물은 조금씩 자주 운동을 하면서 갈증이 날 때마다 마셔야 하지만 조금씩 자주 마셔 갈증을 미연에 예방하는 것이 좋다. 보통 10~15분 간격으로 200~300ml 정도씩 섭취한다. 가끔 운동 중에는 물을 아예 마시지 않는 사람이 있는데 위험한 일이다. 우리 몸의 혈액은 혈장과 혈구로 구분되며 그 중 혈장이 혈액의 절반 이상을 차지한다. 혈장의 97%는 물로 이루어져 있으며 운동 중 빠져나간 물도 혈장에 포함되어 있다. 또 운동 중에는 보통 때보다 3~5배 더 많은 피가 순환되는데 이때 수분이 부족한 혈액이 순환하게 되면 혈압은 올라가고 심장에도 큰 부담을 주게 된다. 운동 중 수분 보충은 갈증을 해소하기 위함도 있지만 더 중요한 이유는 혈액의 점성도를 낮추는 데 있다.

운동 후 물 마시기 운동 후에는 땀으로 배출된 수분을 채우기 위해 반드시 물을 섭취해야 한다. 성인의 경우 체중이 약 500g 감소했을 때 물을 최소 600ml 정도 섭취하는 것이 좋다. 정확한 양을 측정하기 어렵다면 2~3잔 정도 섭취하는 것이 바람직하다. 땀을 흘렸을 경우 우리 몸은 수분을 빨리 흡수하려 하므로 운동 후 마시는 물은 몸을 개운하게 하는 효과가 있다.

수분 보충이 필요한 여름철 더운 날씨에 걷기운동을 할 때에는 특히 갈증 해소에 주위를 기울여야 한다. 자기도 모르는 사이에 탈수나 저혈당 증세로 건강에 문제를 일으킬 수 있기 때문이다. 몸이 건강하기 위해 하는 운동이라도 관리를 잘 하지 않으면 오히려 해가 될 수 있다는 이야기다.

개인의 차이는 있지만 하루에 약 2.5l의 수분을 밖으로 내보는데 소변으로 약 1.5l를, 폐와 피부로 약 0.7l를, 대변으로 약 0.2l를, 땀으로 약 0.1l를 몸 밖으로 내보낸다. 이것은 단지 일상생활에서의 배출되는 양이고, 운동을 할 때는 운동의 종류와 운동량, 온도와 습도에 따라 많게는 평소보다 10배 정도 많이 배출되기 때문에 곧바로 그만큼의 수분을 섭취해야 한다.

특히 더운 날일수록 운동을 효과적으로 하기 위해서는 물도 잘 알고 마셔야 한다. 물을 한 잔 마셨을 경우 몸 안에 모두 흡수될 때까지 20분 정도가 걸린다. 그렇기 때문에 운동할 때는 나가기 전에 집에서 미리 물을 한 잔 마시고, 1시간 이상 운동을 하거나 더운 날이라면 최소한 중간에 한두 번 이상은 마셔야 탈수증상을 막으며 적당한 운동을 할 수 있다.

물의 온도　　물은 너무 차거나 뜨거운 것보다 약 10℃ 정도가 좋다. 그러므로 냉장고에 있던 물은 실온에 잠시 두었다가 마시도록 한다. 갈증을 느끼면서도 참고 무리하게 운동을 지속하면 피 속의 수분이 부족해져 심장에 무리가 될 수 있으므로 수분 보충에 신경 쓰도록 하자.

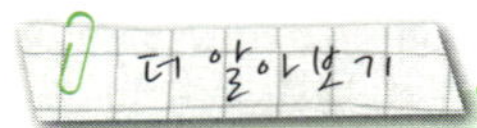

운동 중 즐기는 스포츠음료

운동하면서 흘리는 땀 속에는 수분만 있는 것이 아니라 염분 등 여러 가지 영양분도 함께 있기 때문에 스포츠음료를 마셔주는 것도 좋다. 물은 1시간 이하로 운동할 때 가장 좋은 음료이다. 누구나 운동을 1시간 이상 지속하게 된다면 당질을 필요로 한다. 운동하기 위해 근육이 모아놓은 연료를 다 쓰게 되면 혈당이 연료로 공급된다. 이럴 때 스포츠음료가 쉽게 수분을 공급해줄 수 있고, 소화도 할 수 있다.

그러므로 짧게 운동할 때는 물만 마셔도 충분하지만 1시간 이상 오래 운동할 때는 중간에 빠져나간 수분, 염분, 당분을 스포츠음료로 보충하는 것이 좋다. 보통 우리가 먹는 스포츠음료에는 각종 영양분과 0.9% 정도의 염분이 들어 있어 운동 후 충분한 당분과 염분을 보충할 수 있다.

하지만 당질이 농축되어 있거나 10% 이상의 설탕을 함유한 진한 과일주스나 탄산음료 등은 흡수가 잘 안 되고 복통, 메스꺼움, 설사 등을 유발할 수 있다. 스포츠음료 대신 피로 회복에 도움이 되는 연한 오렌지주스나 꿀물도 좋다.

또한 캐나다 맥마스터대학교의 스포츠역학연구팀이 운동 뒤 우유를 마시면 근육량이 늘고 체지방이 줄어든다는 연구 결과를 보고했다. 근육이 피로하면 젖산이 생기는데 우유가 그 젖산이 쌓이는 것을 막아준다고 한다. 임신 중에는 체지방이 쌓이기 쉬운데 우유가 도움이 될 것이다.

걷기 준비 및 테크닉

요즘은 아침, 저녁으로 운동복을 갖춰 입고 걷기운동을 하는 사람들이 많이 보인다. 하지만 이렇게 운동복을 갖춰 입은 사람 중 준비운동이나 마무리운동까지 잘 갖춰서 하는 사람이 과연 얼마나 될까?

대부분의 사람들은 일상생활에서 매일 하는 운동인 걷기를 쉽게 생각하며 준비운동과 마무리운동의 중요성을 간과하기도 한다. 하지만 이는 걷기운동에서 큰 실수를 하는 것이다.

실제로 32세의 주부, 안소영 씨는 준비운동 없이 매일 걷기운동을 하다가 오히려 발목에 무리가 되어 병원 치료를 받아야 했다. 본격적인 운동이 시작되는 산책로까지 걸어가는 것이 준비운동으로 충분하다고 생각했기 때문이었다.

물론 운동을 할 때보다 조금 느린 걸음으로 걷는 것도 어느 정도 준비운동이 될 수도 있다. 하지만 관절과 인대가 딱딱하게 굳어 있는 상태를 부드럽게 만들기에는 역부족이다. 특히 몸의 무게를 모두 받게 되는 발목과 무릎의 관절, 인대를 위해서는 더 충분한 준비운동이 필요하다. 따로 준비운동을 하여 관절과 인대를 깨워야만 몸을 운동하기에 적합한 상태로 만들 수 있다.

전문가들은 걷기운동만큼 준비운동과 마무리운동을 강조한다는 사실을 명심해야 한다. 특히 평소에 운동을 잘 하지 않았던 사람일수록 근육과 관절이 약해져 있어 그대로 태교워킹을 시작할 경우에는 잠깐의 움직임이라도 무리가 될 수 있다.

준비운동의 효과

준비운동을 하면 긴장했던 근육을 완화해주고 혈액순환을 촉진해 몸을 편안한 상태로 만들어준다. 운동으로 체온이 올라가면 관절 사이의 활액(관절 막에 분비되는 액)의 점성이 약해져서 관절 부위를 쉽게 움직이게 한다. 따라서 미리 준비운동을 하면서 체온을 올려주면 관절을 유연하게 만들 수 있다.

또한 준비운동으로 스트레칭을 계속하면 근육의 상호작용을 도와 관절과 근육의 행동반경이 넓어지며, 운동으로 인한 근육 손상을 막아 격렬한 운동도 무리 없이 할 수 있게 된다.

스트레칭을 할 때에는 운동을 한다는 느낌보다는 관절을 부드럽게 만든다는 느낌으로 천천히, 여유롭게 뭉친 근육과 인대를 풀어주고, 그다음 세부적인 근육 부위의 스트레칭 순서로 한다. 편안한 마음으로 자연스럽게 호흡하도록 한다.

준비운동의 방법

준비운동은 목, 어깨, 온몸, 무릎, 발목, 발가락 순서대로 해나간다.

목 스트레칭

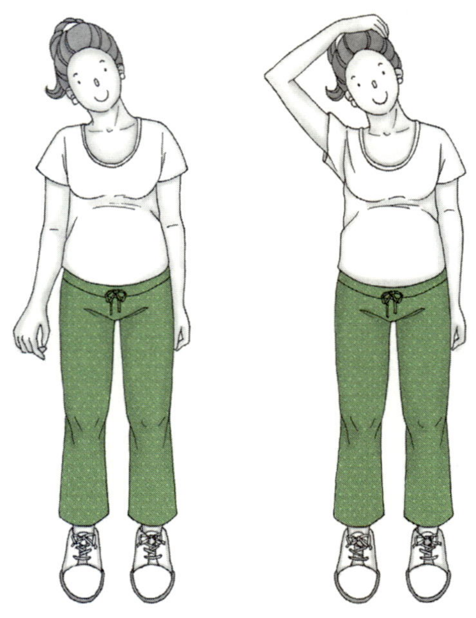

상체는 가만히 둔 채 머리만 기울이되, 반대 방향으로 번갈아 가며 3번 정도 반복한다.

❶ 서서 다리를 어깨너비만큼 벌리고 두 팔은 늘어뜨린 상태에서 머리를 한쪽으로 기울인다.

❷ 머리가 기울어지는 방향의 손으로 머리를 가볍게 눌러 목이 충분히 이완되도록 하고 다시 머리를 세운다. 이때 상체는 가만히 둔 채 머리만 기울이되, 반대 방향으로 번갈아가며 3회 정도 반복한다.

어깨 스트레칭

❶ 똑바로 선 자세에서 다리를 어깨너비만큼 벌린다.

❷ '코끼리 코'를 만들 듯 두 팔을 교차하고, 바깥쪽 팔을 몸쪽으로 당겨 어깨를 충분히 이완시킨다. 이때 허리를 약간 틀어주면 허리도

'코끼리 코'를 만들 듯 두 팔을 교차하고, 바깥쪽 팔을 몸쪽으로 당겨 어깨를 충분히 이완시킨다.

이완된다. 같은 동작을 반대쪽 팔과 번갈아가며 3회 정도 반복한다.

온몸 스트레칭

❶ 똑바로 선 자세에서 다리를 어깨 너비만큼 벌리고 두 팔을 머리 위로 뻗어 깍지를 낀다.

❷ 그 상태에서 두 팔을 최대한 늘려 위로 뻗는다. 이때 손바닥은 하늘을 향하도록 하고 몸을 좌우로 천천히 기울이며 가슴과 옆구리 근육이 충분히 이완되도록 한다.

무릎 스트레칭

❶ 바르게 선 자세에서 양발을 10㎝ 정도 벌린다.

❷ 무릎을 살짝 구부리고 손으로 무릎을 감싸 양쪽 무릎으로 동그라미를 그리며 5~6회 천천히 돌려주면 된다. 이때 무릎을 굽혀 쪼그려 앉았다가 일어서는 자세를 취하지 않도록 주의한다.

발목 스트레칭

❶ 의자에 앉은 상태에서 한쪽 발을 다른 쪽 무릎 위에 얹는다.

❷ 한쪽 손으로 올려놓은 발의 발목을 잡고 다른 손으로는 발끝을 잡는다.

❸ 발의 안쪽 방향으로 5회 정도 발목을 부드럽게 돌려주고 다시 바깥 방향으로 5회 정도 돌려준다.

무릎 스트레칭은 무릎을 살짝 구부리고 손으로 무릎을 감싸 양쪽 무릎으로 동그라미를 그리며 5~6회 천천히 돌려주면 된다.

발가락 스트레칭

❶ 의자에 앉은 상태에서 한쪽 발을 다른 쪽 무릎 위에 얹는다.

❷ 발가락을 모두 감싸 쥐고 아래, 위로 살짝 꺾는 동작을 3~4회 반복한다.

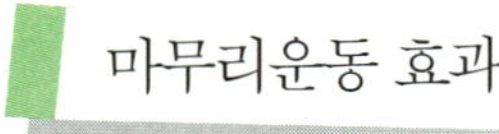 마무리운동 효과

열심히 걷기운동을 하다가 갑자기 멈추게 되면 몸에 상당한 부담을

주게 된다. 극렬한 운동 후 갑자기 멈추면 어지럼증이나 구토를 할 수 있고 심할 경우 일시적인 저혈압 증세가 나타날 수도 있다. 그러므로 본격적인 태교워킹이 끝난 후 갑자기 멈추기보다는 제자리 걷기나 발뒤꿈치를 들었다 내렸다 하는 등 종아리 근육을 계속 자극해야 한다.

천천히 걷기나 제자리 걷기로 심장 박동수의 안정을 찾은 후에는 마무리운동을 해줘야 한다. 마무리운동은 걷기운동을 하면서 빨라졌던 심장 박동률과 호흡을 서서히 늦추며 근육이 유연성을 유지할 수 있도록 스트레칭을 해주는 단계이다.

마무리운동에서 혈액은 운동 중인 근육에서부터 다시 내장으로 보내진다. 그러면 서서히 체온이 떨어지고 호흡이 가라앉는다. 또한 몸에 남아 있던 노폐물들도 함께 내장 기관으로 이동해 소변이나 대변을 통해 몸 밖으로 빠져나갈 수 있게 도와준다. 호흡을 서서히 늦춰주고 노폐물 제거에 효과적인 마무리운동은 운동 후에 느껴지는 피곤함을 줄여주기 때문에 일상생활을 더 활기차게 보낼 수 있다.

 마무리운동 방법

다음과 같은 방법으로 마무리운동을 실시해보자. 마무리운동은 준비운동과 반대로 발목, 무릎, 허리, 상체, 심호흡 순으로 해주며 운동으로 생긴 피로물질이 몸에 쌓이지 않도록 돕는다.

발목 스트레칭

❶ 똑바로 선 자세에서 두 손을 허리에 올린다.

❷ 한 발을 들어 발목을 가볍게 좌우로 흔든다.

발목 당기기

❶ 다리를 뒤로 들어 올리고 한 손으로 발목을 잡아 가볍게 당긴다.

❷ 두 발을 번갈아가며 3~4회 반복하되 배가 나와서 몸이 불편하다
면 생략해도 된다.

무릎 스트레칭

준비운동과 같은 방법으로 무릎을 3~4회 반복하여 돌려준다.

무릎 굽혔다 펴기

❶ 똑바로 선 자세에서 두 손을 무릎 위에 올린다.

❷ 하나, 둘 구령에 무릎을 구부리고 셋, 넷에 펴는 동작을 3~4회 반복한다.

무릎 당기기

❶ 똑바로 선 자세에서 한쪽 무릎을 들어 올리고 두 손은 깍지를 껴 무릎을 감싸준다.

❷ 감싼 무릎을 몸쪽으로 바짝 당겨준다. 반대쪽 발과 번갈아가며 3~4회 반복한다. 배가 나와서 불편하다면 생략한다.

허리 스트레칭

❶ 똑바로 선 자세에서 발을 어깨너비로 벌린다.

❷ 두 손은 허리에 가볍게 얹고 허리는 동그라미를 그리며 돌린다.

상체 굽히기

❶ 똑바로 선 자세에서 두 발끝을 모으고 두 손도 기도하듯이 모은다.

❷ 허리를 앞으로 구부리면서 모은 두 손이 발끝에 닿을 듯 천천히 몸을 숙인다. 무리하지 말고 할 수 있는 만큼만 한다.

심호흡

❶ 똑바로 선 자세에서 다리를 어깨 너비만큼 벌린다.

❷ 두 팔을 새의 날개처럼 옆으로 쭉 편다.

❸ 팔을 위로 올리면서 숨을 크게 들이마시고, 팔을 아래로 내리면서 숨을 크게 내뱉는다.

더 알아보기

족욕과 다리 마사지

임신부는 걷기운동 후 다리 쪽으로 쏠리는 힘 때문에 발에 혈액이 고여 심하면 부종이 생길 수 있다. 따라서 운동 후 바로 눕기보다는 짧은 시간이라도 마무리운동을 하는 습관을 들이는 것이 좋다. 마무리운동이 부담스러울 경우에는 발마사지나 족욕으로 최대한 발의 피로를 빨리 풀어준다.

• 족욕
- 얼음물과 40~50℃의 온수를 담은 대야를 각각 준비한다.
- 온수에 발을 1분 정도 담갔다가 이어서 얼음물에 1분간 담근다.
- 같은 방법을 5~7회 반복한다.

- 허벅지의 안쪽과 바깥쪽에 양손을 넣고 적당한 세기로 허벅지에서 발목 방향으로 밀착하여 쓸어내린다.
- 아킬레스건에서 무릎 위 10㎝까지 여러 번 쓸어 올린다. 이때 방향은 종아리 뒤쪽 방향으로 쓸어 올린다.
- 발등을 손으로 감싸 쥐고 발목에서 발가락 쪽을 여러 번 나누어 부드럽게 마사지한다.

태교워킹 프로그램

1주차 : 태교워킹의 자세 익히기

첫 주에는 가벼운 마음으로 시작한다. 태교워킹은 임신 초기부터 가능한 운동이지만 절대 무리해서는 안 되는 시기이기 때문에 태교워킹을 알아가는 단계라 여기면 되겠다. 이전에 운동을 하지 않았던 임신부는 일주일에 세 번으로 계획을 짜고, 운동을 했던 사람이라도 자신의 신체적인 상황을 고려해 무리하지 않을 정도로 계획한다.

1단계 : 편안하게 걷기 앞에서 태교워킹의 올바른 자세를 익혀 봤다. 그 자세를 이제 실천으로 옮기는 단계다. 팔의 각도, 보폭의 정도 등이 처음부터 정확할 수는 없다. 무리하게 욕심내어 꼭 맞춘다는 생각으로 시작하면 자칫 시작도 하기 전에 부담이 될 수 있다. 그러므로 먼저 자신이 편안한 상태에서 평소 걸음처럼 걸어보자. 몇 번 걸어보며 자세를 점검하면 틀린 부분이 보일 것이고 틀린 부분을 조금씩 고쳐나가면 좋은 자세를 갖출 수 있을 것이다.

2단계 : 걷는 자세 익히기　　하루쯤 걷기운동을 해보면 자신의 걷는 자세를 파악할 수 있을 것이다. 누군가는 팔이 양옆으로 흔들린다거나, 누군가는 시선이 바닥에 떨어질 수 있다. 그렇다면 자신이 잘 안 되는 자세 한 가지를 골라 그 동작에 신경 쓰고 걸어보는 것이다. 만약 스탠스가 일정하지 않다면 하루는 스탠스에 집중하여 걸어보자.

3단계 : 충분한 휴식과 마사지　　평소 운동을 하지 않았던 사람이나 오랜만에 하는 사람은 하루 이틀만 운동에도 피로가 찾아올 것이다. 그러므로 운동 후나 쉬는 날에는 충분한 휴식과 마사지를 병행한다.

3단계에서는 하루 쉬는 것이 좋다. 운동-휴식-마사지가 잘 이루어진다면 건강한 몸을 지키며 순산할 때까지 꾸준히 운동을 이어나갈 수 있다.

걷기의 기본기를 익혔다면 좀 더 구체적인 운동 목표를 세워보고 목표에 맞게 실천해보자. 목표가 없다면 의욕도 없을뿐더러 지치기 쉽다. 더구나 혼자 하는 태교워킹의 경우에는 중간에 포기하는 경우가 많기 때문에 목표는 필히 세워야 한다. 처음에는 가벼운 목표로 시작하되, 자신이 할 수 있을 만큼만 세우면서 점차 늘려나가는 것이 좋다.

1단계 : 즐겁게 걷기 임신 동안 꾸준한 태교워킹을 유지하기 위해서는 걷기가 즐거워야 한다. 걷는 것은 같은 자세를 반복하기 때문에 쉽게 지루해질 수 있다. 흥미를 유발하기 위해 좋아하는 음악과 함께 걷거나 즐겁게 생각하는 연습이 필요하다. 예를 들어 나가기 전 '운동하러 가야지'라는 생각보다 '꽃구경 가야지' 혹은 '아기에게 좋은 구경 시켜줘야지'라는 마음가짐으로 걷기에 임해보자. 걷기의 목적이 생겼을 때 더욱 즐겁게 할 수 있다.

2단계 : 빠르게 걷기 즐겁게 걷는 것도 좋지만 어느 정도 태교워킹에 적응 되었을 때는 운동의 효과에도 초점을 맞춰야 한다. 설렁설렁 느리게 걷는 것으로 운동의 효과를 제대로 누릴 수 없다. 어느 정도 속도가 붙었을 때 신진대사도 활발해지고 몸속의 노폐물을 배출시켜 건강한 몸을 지킬 수 있다. 평소보다는 속도를 붙여 걷는 연습을 해보자.

3단계 : 운동일지 작성   목표 달성 여부와 운동량을 꼼꼼히 체크해보기 위해서 운동일지에 운동했던 내용을 기록해보자. 어느 정도 시간이 흐른 후에 다시 보면 확연히 달라져 있는 것을 느낄 수 있을 것이며, 다음에는 더 잘할 수 있다는 자신감도 얻을 수 있을 것이다.

3주차 : 태교워킹의 응용

임신부의 태교워킹은 일반인들과는 조금 다를 필요가 있다. 건강뿐만 아니라 태교라는 특별한 이유가 포함되기 때문이다. 일반인들은 시간이 지나면 운동을 더욱 강화할 필요가 있지만 임신부는 무리하면 위험하니, 대신 여러 장소에서 다른 느낌을 느낄 수 있도록 운동을 해보는 것이 좋다.

1단계 : 걷기 전용 코스   요즘은 도심 곳곳에 걷기 전용 코스가 많이 있다. 이런 곳은 대개 $1km$마다 표시를 해서 일부러 거리를 계산하지 않아도 걷기 지점을 비교적 쉽게 계산할 수 있으며, 장애물이나 위험요소가 없는 것이 장점이다. 걷기 전용 코스에서는 다른 곳보다 편하게 걷기운동을 충분히 즐겨보자.

2단계 : 삼림욕 하기   삼림욕은 스트레스 해소는 물론 심폐 기능을 강화시켜주고 면역력을 높여 피로에 지친 심신의 활력을 되찾아준다. 임신부와 태아의 정신 건강에도 큰 도움이 된다. 나무가 뿜어내는 신비의 물질인 피톤치드가 몸에 자연스럽게 스며들어 몸 안의 나쁜 균을 깨끗이 제거해주고 마음을 안정시켜준다. 가끔은 운동을 한다는 생각보다 숲 속에서 삼림욕을 충분히 즐길 수 있을 정도로 가볍게 산책을 하는 것도 좋다. 속도는 자유롭게 하되 바른 자세를 유지하며 경쾌하게 걷는다.

3단계 : 새로운 장소　가족이나 친구들과의 나들이 장소를 걷기 장소로 선택하여 그 속에서 걷는 시간을 마련해보자. 눈도, 기분도 즐거워지는 태교워킹이 될 것이다.

 4주차 : 아기와 함께 하는 태교워킹

아기는 엄마의 감정과 느낌, 그리고 생각을 그대로 전달받는다. 엄마가 운동하고 있다면 아기의 몸도 튼튼해지고 엄마가 즐겁다면 아기도 즐거운 기분을 느낀다. 태교워킹을 할 때 항상 아기와 함께한다는 사실을 기억하도록 하자. 그러면 힘들다고 느낄 수 있는 상황에서도 좀 더 힘을 낼 수 있다. 마지막 주에는 아기를 생각하며 아기에게 도움이 되는 본격적인 태교워킹을 실천해보자.

1단계 : 태교워킹을 즐겁게　태교워킹은 먼저 엄마가 즐거운 마음으로 임하는 것이 중요하다. 억지로 하면 의욕도 없을뿐더러 태아에게도 좋은 영향을 줄 수가 없기 때문에 운동하는 의미가 사라진다. 태교워킹이 부담스럽지 않으려면 운동이라는 생각을 버려야 한다. 태아와 함께 산책한다고 생각하면 더 즐겁고 편안하게 다가올 것이다. 태교워킹의 의미와 목표를 다시 생각해보면 앞으로 많이 남은 임신 기간을 즐거운 태교워킹으로 채워갈 수 있을 것이다.

2단계 : 다른 태교와 접목하기   태교워킹의 장점은 다른 태교 프로그램과 충분히 함께할 수 있다는 것이다. 일주일에 하루쯤은 아기를 위한 태교워킹 프로그램을 시행해보자. 태교에 좋은 음악을 들으며 걷기도 하고 산책 삼아 미술관이나 서점에 들러 그림태교와 독서태교도 해보자. 또 새소리나 바람에 나뭇잎이 흔들리는 소리 등 자연 그대로의 소리에 집중하며 걷는 것도 좋다.

3단계 : 호흡에 집중하기   마지막으로 호흡에 집중에서 태교워킹을 해보자. 맑은 공기를 깊게 들이마실수록 아기도 맑은 공기를 마실 수 있다. 또한 순산의 결정적인 열쇠를 쥘 수 있게 된다. 출산 시 심호흡은 진통을 줄여줄 뿐만 아니라 아기에게도 산소를 공급해 편안함을 줄 수 있다. 출산 시 자연스럽게 호흡을 할 수 있도록 미리 운동을 통해 연습하자. 태교워킹을 하는 동안 규칙적인 호흡을 연습하다 보면 속도를 어느 정도 높여도 호흡에 무리가 되지 않는다.

임신 시기별 태교워킹

• 임신 초기—몸과 마음을 가볍게, 산책하는 기분으로

운동이라는 부담감보다는 태아와 함께 산책하는 기분으로 하루 20분씩 걷는다. 초기에는 각별히 조심해야 하는 시기로 빨리 걷거나 뛰는 행동은 삼가고 무리가 되지 않을 정도로만 걷는다. 태교워킹을 하면서 앞으로 아기를 위해 어떻게 생활할 것인지, 어떤 태교를 해줄 것인지 계획하며 몸과 마음을 가볍게 하자.

• 임신 중기—매일 일정한 시간에, 규칙적으로

이 시기의 태아는 자리를 잡고 서서히 신체 발달을 이루어간다. 다양한 학습태교를 통해 뇌세포를 충분히 자극해주는 것이 좋다. 단 지나치게 무리한 태교는 좋지 않다. 태아는 태중에서 수면 상태로 보내는 시간이 많은데, 수면 중 태아의 신진대사가 활발해지기 때문에 잦은 태교는 오히려 태아의 지적 발달을 방해한다. 자극을 많이 줄수록 두뇌가 발달한다는 생각으로 욕심을 내면 태아의 정서가 불안해질 수 있으므로 일정한 시간을 정해 규칙적으로 태교워킹을 실천한다.

• 임신 후기—걷기는 차분하게, 태교는 활발하게

이 시기부터 태아는 바깥에서 들리는 소리를 들을 수 있다. 좋은 음악, 좋은 소리, 그리고 엄마, 아빠의 목소리를 꾸준히 듣는 것이 좋다. 음악을 듣거나 태담을 해주며 걷는 것이 좋다. 또한 출산이 다가오기 때문에 걸으면서 호흡에 신경 써보자. 몸과 마음이 편안한 상태에서 숨을 깊게 들이마셨다가 내셨다가를 반복하며 걸으면 출산 시 도움이 될 것이다.

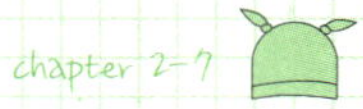

걷기에 적합한 시간과 장소 고르기

태교워킹의 기본적인 목표는 산모와 태아의 건강, 그리고 태교에 있다. 그러므로 이왕이면 태교에 도움이 되는 시간과 장소를 고르는 것이 좋다. 태교워킹의 효과를 높일 수 있을 뿐만 아니라 쉽게 지치지 않고 꾸준히 걷기운동을 하는 데 도움이 될 것이다.

 태교워킹에 적절한 시간

자궁 수축이 잘 일어나지 않는 오전 11시에서 오후 3시 사이가 적당하다. 너무 더운 여름에는 낮 시간을 피해 적당한 시간을 정하도록

한다. 다른 시간에 할 경우에는 무리하지 않도록 하며 위급한 상황에 대처할 수 있도록 준비한다.

 ## 태교워킹에 적합한 장소

집에서 가까운 곳　태교워킹을 하기 위해 멀리까지 갈 필요는 없다. 운동 시작 전에 지치거나 지루해질 수 있기 때문이다. 집 근처에서 운동을 하다 보면 평소 보지 못했던 풍경이 보이고 새로운 모습을 발견하는 재미도 있을 것이다.

또한 임신부는 일반인들에 비해 더 빨리 피로를 느끼고 위험한 상황을 만나기 쉽다. 이상이 생기면 바로 집으로 돌아올 수 있도록 최대한 집과 가까운 곳에서 하는 것이 안전하다.

공기 맑은 녹지　태교워킹은 유산소운동인 만큼 공기가 맑고 신선한 곳에서 해야 운동 효과를 볼 수 있다. 누구나 공기가 오염된 곳보다 맑은 공기를 마시며 운동할 때 상쾌하다는 것을 알 것이다. 특히 나무가 많이 있는 곳에서 걷기를 하면 자외선이 차단되고 음이온을 많이 받을 수 있다.

맑은 공기를 들이마시면 태아의 건강을 챙길 수 있는 동시에 뇌에도 긍정적인 자극을 주어 뇌 발달에 큰 도움이 된다. 음이온이 풍부한 맑은 공기를 들이마시면 엄마의 몸이 편안해져 태아의 건강도 챙길 수 있는 동시에 정보 전달에 중요한 역할을 하는 여러 신경전달물질의 합성을 증가시켜주기 때문에 뇌에 긍정적인 자극을 주어 뇌 발달을 돕는다.

운동에 집중할 수 있는 곳　지루함을 달랜다는 생각으로 볼거리가 많은 시내나 도심에서 워킹을 시행하기도 하지만 이는 운동에 집중하는 것을 방해하게 된다. 순간적인 지루함은 없앨 수 있지만 자세와 정신이 흐트러져 운동 효과를 반감시키거나 다칠 수 있다.

평탄하고 딱딱하지 않은 곳　보통 사람들도 딱딱한 길이나 오르막길을 오랜 시간 걷다 보면 피로해지고 발바닥에 무리가 가는 것을 느낄 것이다. 간혹 막달에 출산을 촉진하려고 일부러 오르막길을 오르기도 하지만 평소에는 위험하다. 산책 전용으로 만들어져 평탄하고 부드러운 길에서 운동을 한다.

물이 가까이 있는 곳　온도가 높으면 그만큼 운동이 힘들어지지만 물이 가까이 있다면 온도를 낮춰주는 역할을 하고 물이 흐르는 소리를 들으면 마음의 안정을 쉽게 찾을 수 있다. 임신부의 몸과 마음이 안정되면 태아에게도 좋은 영향을 미칠 것이다.

사람이 적은 한산한 곳　운동하는 사람들보다 놀러 온 사람들이 많은 공원이 있다. 이런 장소는 집중도가 떨어질 뿐만 아니라 운동할 때 많은 사람으로 방해를 받을 수 있다. 사람이 지나치게 많이 몰리는 곳보다는 운동하는 사람들이 적은 조용한 곳을 선택한다.

가끔은 색다른 곳에서　　컨디션이 좋은 날은 이웃 동네나 가까운 근교를 찾아 걷기운동을 하면서 색다른 묘미를 즐기자.

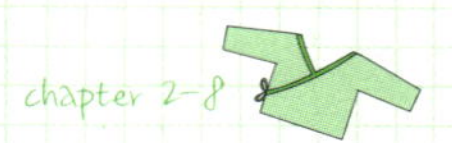

봄, 여름, 가을, 겨울 계절별 태교워킹

태교워킹은 야외에서 하는 운동인 만큼 날씨의 영향을 많이 받는다. 특히 우리나라는 사계절에 따른 날씨 변화가 이어지므로 임신부는 각별히 주의해야 한다.

각 계절에 맞는 준비를 갖춰 운동하면 더 큰 효과를 누리는 동시에 사고에 대비할 수 있다.

 얇은 겉옷을 준비하면 좋은 봄

봄은 가벼운 산책을 하기에 좋지만 태교워킹을 할 경우에는 갑작

스러운 온도 변화에 대처해야 한다. 따뜻하다가도 금세 추워져 운동을 하다 흘린 땀 때문에 감기에 걸릴 수 있기 때문이다. 특히 임신부는 면역력이 약해져 있어 감기에 쉽게 노출되니 미리 카디건이나 얇은 겉옷을 준비하여 온도 변화에 맞게 활용하도록 한다. 또한 그때그때 땀을 닦을 손수건을 준비하는 것도 좋다.

봄은 낮이 점점 길어지고 기온이 올라가 따뜻한 햇볕과 시원한 바람을 즐길 수 있지만 자칫 신체리듬이 깨지면서 피로해지기 쉬운 계절이기도 하다. 나른함, 졸음, 소화불량, 식욕부진, 현기증 등 춘곤증이 나타날 수 있지만 적절한 운동과 충분한 영양 섭취로 충분히 이겨낼 수 있을 것이다.

체온 상승에 유의해야 하는 여름

가장 더운 계절인 여름은 온도뿐만 아니라, 습도까지 높아 무리하게 운동하면 위험한 계절이다. 가만히 있어도 땀이 나기 때문에 규칙적으로 운동해온 사람이라면 문제가 없지만 운동량을 급격히 늘릴 경우 열사병, 탈수, 탈진 등 전신의 손상사고가 발생하기 쉬운 시기다. 그러므로 햇빛이 강한 시간보다는 아침이나 저녁 시간을 이용해서 걷는다.

보통 덥다고 해서 반소매나 반바지를 많이 입지만 통풍과 흡수가 잘 되는 긴소매와 긴 바지로 이루어진 기능성 옷으로 직사광선이 피부에 직접 닿지 않도록 하며 모자도 꼭 준비한다.

특히 임신을 하면 평균 체온이 38℃가 될 정도로 임신 전보다 더위를 더 많이 느끼게 된다. 무리하지 않도록 시간을 잘 조절하여 몸이 지치지 않게 하며 혹시나 어지러움을 느끼거나 구토 증상이 있으면 운동을 중단하고 휴식을 취하거나 병원을 찾도록 한다.

운동 중간에 그늘에서 휴식을 자주 취하고 가능하다면 혼자 하기보다 다른 사람과 함께 하는 것이 좋다. 물은 항상 준비해 수시로 마셔 탈수 증상에 대비하고 너무 덥거나 습도가 높은 날에는 운동을 하지 않는 것이 좋다.

단풍 보며 걷기 좋은 가을

가을은 사람의 몸 속 혈관이 수축되고 지방층이 두꺼워지며 살이 찌기 쉬운 계절이다. 따라서 다른 때보다 운동을 통한 건강관리가 필요한 계절이며, 운동하기에 매우 적합한 기온과 날씨이기 때문에 자신의 체력 수준에 맞는 운동을 한다면 더 많은 효과를 얻을 수 있다. 특히 높고 푸른 하늘과 예쁜 단풍을 배경으로 걷는다면 마음의 안정도 찾을 수 있을 것이다.

하지만 가을에는 낮이 짧아지기 시작하면서 해가 빨리 지고 기온도 떨어지므로 봄처럼 온도 변화에 신경 써야 한다.

준비운동과 마무리운동에 신경 써야 하는 겨울

기온이 낮아지면서 근육과 관절이 경직되고 혈관이 수축된 상태이기 때문에 충분한 스트레칭 없이 운동을 시작하면 신체 부위에 상해가 발생한다. 겨울에는 평소의 준비운동과 마무리운동 시간보다 배로 늘려서 해야 한다.

겨울은 조금만 추워져도 질병에 걸리기 쉬워 추위를 예방하는 것이 가장 중요하다. 추위를 방지하는 것으로 탄수화물을 섭취하는 방법이 있다. 운동 전에 탄수화물을 충분히 섭취하면 몸 안에서 체온을 유지할 수 있다.

특히 운동을 하면 빠르게 더워지고 땀이 나기 시작하면 체온을 뺏기기 때문에 모자, 목이 긴 운동복, 장갑 등을 착용하여 체온이 떨어지지 않도록 해야 한다. 옷은 두꺼운 옷보다 얇은 옷을 여러 겹 입어서 운동 중 더워지면 한 겹씩 벗었다 입을 수 있도록 한다.

여름과 반대로 햇볕이 있는 오후 시간대를 활용하고, 몹시 추운 날에는 무리해서 운동하기보다 평소 운동 강도의 60% 수준에서 걷는 것이 좋으며 스트레칭이나 체조 등 실내에서 할 수 있는 운동으로 대체하는 것도 좋은 방법이다.

임신부의 건강한 겨울·여름 나기

추운 겨울이나 더운 여름은 보통 사람도 견디기 힘들 때가 많다. 더구나 이런 날씨에는 임신부들을 위험에 빠뜨리는 요소들이 더 많아지므로 더욱 주의가 필요하다.

• 임신부의 겨울나기

체온 관리 겨울에 가장 신경 써야 하는 부분은 실내외의 온도 변화다. 갑자기 체온이 변하게 되면 혈압도 변하면서 감기나 피부 질환은 물론, 심하면 조산의 위험까지 있을 수 있다. 또 계속 체온이 낮으면 혈액순환에 문제가 생겨 자궁을 압박하게 된다.

외출 시 임신부 전용 내의를 입거나 임신부용 스타킹을 신어 최대한 허리가 조이는 것을 방지한다. 외출 후 돌아와서는 40℃ 정도의 따뜻한 물에 족욕을 하며 다리 마사지를 해주면 체온 유지는 물론 혈액순환에도 도움이 된다.

임신 중에는 호르몬의 부조화와 면역력 저하로 감기에 걸리기 쉽고 한 번 걸리면 쉽게 낫지 않는다. 감기에 걸렸을 경우에는 따뜻한 감잎차, 생강차 등 감기에 좋은 차를 섭취하며 충분한 휴식을 취하도록 한다. 하지만 증상이 심한 경우 전문가와의 상담을 통해 임신부가 복용 가능한 약을 처방받아야 한다. 또한 그 시기에 유행하는 질병을 미리 예방하는 백신 접종을 하여 면역력을 기르는 것도 현명하다.

낙상 주의 불어나는 체중 때문에 자신의 생각처럼 몸의 균형을 잡기가 힘들게 된다. 그렇기 때문에 바닥에 물이 얼어 있는 곳은 반드시 피하고 눈이 오는 날도 외출을 삼간다. 집 안에서도 조심해야 하는데 바닥에 타일이 깔린 화장실이나 베란다에서도 주의를 기울인다. 춥다고 몸을 움츠리면 더 균형을 잡기 힘드니 움츠리지 말고 바닥에 미끄럼방지 스티커를 붙이는 것도 방법이다.

비만 예방 추워지는 날씨로 집에 있는 시간이 많아지고 운동은 점점 부족해지기 쉽다. 임신 중 비만은 임신부 자신뿐만 아니라 태아에게도 영향을 미치기 때문에 미리 예방해야 한다. 살이 찌면 그만큼 자궁이 좁아져 아기의 공간이 줄어 난산과 조산의 가능성을 높이며 임신 중독증의 원인이 되기도 한다. 그러므로 임신이라는 이유로 많이 먹기보다는 우유나 과일, 채소 등으로 대체하고 적절한 운동을 해주어 신진대사도 원활하게 만들면 노폐물이 자연스럽게 빠져나가 비만을 방지할 수 있다.

소화 장애 임신을 하면 소화 장애가 일어나기 쉬운데 특히 여름에는 찬 음식을 자주 찾게 된다. 찬 음식을 많이 먹으면 식중독이나 설사를 일으키기 쉽고 설사를 자주 하면 장의 연동운동으로 자궁이 자극을 받아 초기에는 유산 위험성이 커진다. 그러므로 차가운 음식보다는 따뜻하고 부드러운 음식을 여러 번 나눠 먹는 습관을 들이고 생수나 끓인 보리차를 먹으면 열이 내려가고 노폐물도 배출된다. 또한 잘 때는 얇은 이불을 덮어 항상 배를 따뜻하게 해주어야 배 근육이 뭉치지 않고 유산도 예방할 수 있다.

자외선 차단 더운 여름에는 몸뿐만 아니라 피부도 지치기 쉽고 임신부는 호르몬의 불균형으로 피부에 색소 변화가 일어날 수 있다. 이전에는 없었던 기미나 주근깨가 생기는 것도 그 이유다. 자외선이 강한 여름에는 자외선 차단제를 바르는데, 자외선 차단 지수가 높은 것보다는 순한 제품이나 임신부용으로 나온 제품을 사용한다. 모자나 양산을 쓰는 방법도 있다. 또한 미지근한 물로 하는 세수, 충분한 수면과 비타민 B · C의 섭취도 도움이 된다.

냉방병 실내 온도와 실외 온도가 5℃ 이상 차이가 날 때 냉방병에 걸리기 쉽다. 냉방병은 감기, 피로, 소화불량, 부종 등의 증상이 따른다. 냉방병을 예방하기 위해서는 적정온도를 지키며 온도 변화에 신경 쓰고 찬 공기로 수축된 근육을 풀어주기 위해 가벼운 스트레칭을 해준다. 또한 비타민과 수분이 풍부한 당근이나 시금치 등 녹황색 채소와 따뜻한 차로 수분을 유지하는 것이 좋다. 밤에 열대야 현상으로 잠을 못 이룬다면 실내 온도를 25∼28℃ 정도로 유지하도록 한다.

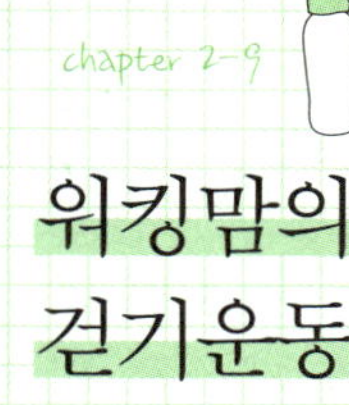

워킹맘의 걷기운동

여성의 사회활동이 늘어나면서 일하는 임신부를 쉽게 볼 수 있다. 직장에 다니는 대부분의 임신부는 태교를 제대로 못 한다는 생각에 아기에게 미안한 마음이 들기도 하지만, 시간만 잘 조절하면 효율적으로 태교워킹을 실시할 수 있다.

하루 일정 살펴보기 먼저 자신의 하루를 살펴본다. 매일 반복되는 하루 중에도 틈이 나는 때가 있을 것이다. 점심시간이나 출·퇴근 시간, 자투리 시간 등 걷기 가능한 모든 시간을 계산해본다. 태교워킹을 결심한 첫날은 30분 일찍 일어나 그 시간만큼 걸어보는 것도 좋다. 몸에 무리가 가지 않을 만큼 시간을 정한다.

철저한 목표 세우기　　워킹맘의 태교워킹은 더욱 확실한 목표와 계획을 세우는 것이 좋다. 가끔은 '일을 하기 때문에'라는 합리화로 운동에 소홀할 수 있고, 한번 소홀해지면 그대로 운동을 멈추는 경우가 많기 때문이다. 자신과 아기를 위한 태교라는 생각으로 확고한 목표를 세워보자.

좀 더 완벽한 자세 취하기　　어정쩡한 자세는 오히려 건강에 해를 끼치는 역효과를 불러온다. 짧은 시간에 실시하는 워킹이 좀 더 높은 효과를 얻기 위해서는 자세가 좋아야 한다. 조금은 불편하더라도 양팔을 적극적으로 활용하여 활기차게 11자 걸음으로 걸으면 운동 효과는 물론, 피곤함도 금세 사라질 것이다.

하루에 20분 이상 걷기　　하루에 걷는 시간은 20분 이상으로 하는 것을 목표로 삼는다. 바빠서 시간이 부족할 때에는 출퇴근 시간에 버스 정류장을 목적지보다 먼저 내려 걷거나 지하철역까지 걷는 것도 방법이다.

일주일 중 하루 정도는 오래 걷기를 해주고 운동을 시작한 지 6주 이후에는 걷기운동의 최대 효과가 있도록 이틀 정도 30분 이상 오래 걷기를 하며 태교워킹을 몸에 익힌다.

워킹맘, 일상생활에서 태교하기

워킹맘은 가정주부에 비해 태교 시간을 만들기 어려울 수 있다. 하지만 생활습관만 조금 달리해도 충분히 아기에게 도움을 줄 수 있으니 작은 것부터 고쳐나가도록 한다.

• 자세를 바꿔보자

직장인들은 많은 시간을 의자에서 보내기 때문에 앉은 자세가 아주 중요하다. 잘못된 자세는 척추와 엉덩이뼈를 삐뚤어지게 하여 척추측만증, 협착증, 전반전위증과 디스크를 일으키게 되고 노폐물 배출 또한 어렵게 만든다. 노폐물 배출이 어려우면 임신 중 비만을 불러올 수 있다.

의자에 앉을 때는 엉덩이를 깊숙이 앉고 허리는 등받이에 살짝 기대어 앉는다. 다리를 꼬는 자세로 절대 앉지 않는다.

서 있을 때는 체중을 양쪽 다리에 분산시켜야 한다. 한쪽에만 힘을 싣는 자세로 서 있는 사람들이 많은데 그런 자세로 오래 서 있으면 골반이 틀어지고 부종이 발생하기 쉽다.

• 카페인 섭취를 줄이자

커피믹스 한 잔의 열량은 150$kcal$로 밥 반 공기에 해당하는 고열량이며, 무엇보다 카페인은 태아의 심장 질환을 일으키거나 심한 경우 장애를 발생시키는 등 위험한 요소 중 하나이기 때문에 특별히 자제가 필요하다. 졸음이 온다면 바깥으로 나가 신선한 공기를 쐬거나 매실차, 현미차 등 임신 중 마셔도 좋은 차로 대체한다.

• 움직임을 늘리자

워킹맘은 움직이는 시간이 많지 않기 때문에 일상생활 속에서 활동량을 늘리는 것이 좋다. 아침잠을 조금만 포기하고 30분 일찍 일어나 편한 신발을 신고 출근해보자. 대중교통을 이용하거나 엘리베이터 대신 계단 걷기, 2시간마다 휴식을 취하며 스트레칭을 한다.

걷기가 지겨울 때
극복 방법

누구나 한 가지 동작을 반복적으로 하다 보면 지겨워지는 것이 당연하다. 더구나 쉽게 피로해지고 몸이 무거운 임신부라면 더 힘들고 금세 지루할 수 있다. 며칠 잘 걷다가도 '이 정도면 됐어'라는 생각으로 쉬게 되고, 한 번 쉬면 계속 쉬는 것이 운동이다. 걷기운동을 꾸준히 하려면 먼저 지겨워지거나 그만두고 싶은 감정을 극복하는 방법도 터득해보자.

산책코스를 바꿔보자 걷기운동의 지루함을 극복하는 가장 좋은 방법은 평소 걸었던 코스를 바꾸는 것이다. 매일 똑같이 걸으면서 눈에 보이는 배경까지 똑같다면, 그것만큼 지겨운 것도 없을 것이다. 요즘은 동네마다, 또는 아파트마다 산책로나 공원을 많이 만들어놓는 추세다. 조금 떨어진 공원이라도 하루는 새로운 곳에 가서 나만의 산책로를 만들어보는 것도 좋은 방법이다. 평소 주위를 자세히 둘러보며 가보지 않았던 코스로 가는 것도 좋고, 같은 길을 다른 시간대에 걷는 것도 좋은 방법이다. 같은 길도 아침과 저녁에 보이는 것과 느껴지는 것이 다르기 때문에 색다름을 느낄 수 있다.

음악을 바꿔보자　요즘은 출퇴근길 대중교통 안에서, 길거리에서 지루함을 달래기 위해 음악을 듣는 사람들을 자주 볼 수 있다. 운동할 때에도 마찬가지다. 자전거나 자동차 등이 위험한 요소가 없는 산책로를 골라 음악을 들으며 걷기운동을 하다 보면 시간이 생각보다 훨씬 빨리 지나가기 때문에 지루함을 달래기에 좋다. 좋아하는 음악이나 라디오 프로그램을 시간에 맞춰 들으면서 걸으면, 상쾌하고 기분 좋게 운동을 할 수 있다.

실제로 음악을 들으며 운동을 하면 그냥 할 때보다 몸의 피로를 약 10% 정도 낮출 수 있으며, 운동하면서 발생하는 스트레스 호르몬도 최고 60%가량 적게 분비된다고 한다. 기분에 따라 신이 나는 음악이나 피아노 음악으로 바꿔가며 걷는 분위기를 바꿔보자.

한신대학교 특수체육학과 조성봉 교수 연구팀은 실험을 통해 음악을 들으며 운동을 하면 그냥 운동할 때보다 몸의 피로를 약 10% 정도 낮출 수 있으며, 운동하면서 발생하는 스트레스 호르몬도 최고 60%가량 적게 분비된다고 밝혔다. 조 교수팀은 20대 대학생 20명을 두 그룹으로 나눠 40여 분 동안 10명은 음악을 들으며 걷게 하고 나머지 10명은 음악 없이 걷게 한 뒤 스트레스 호르몬 분비를 체크했다. 그 결과, 음악을 들을 때 신체에 스트레스를 유발하는 부신피질자극 호르몬 등 각종 호르몬의 분비가 억제되는 것으로 나타났다.

또한 운동과 음악의 관계에 대해 20년 이상 연구해온 영국 브루넥 대학교의 카라게오르기 박사는 운동 중 템포가 느린 음악이나 시끄러운 음악은 운동에 전혀 도움이 되지 않는다고 밝히며 운동에 도움이 되는 음악은 따로 있다고 한다. 연구 결과에 따르면 발라드나 힙합처럼 너무 빠르거나 느린 음악, 또는 여러 장르의 음악을 섞어 듣는 것은 오히려 운동 중 피로를 증가시키기 때문에 분당 120~140비트를 가진 음악을 듣는 것이 운동 효과를 높여준다고 한다.

목적지를 정해보자　　누구나 하고 싶은 일을 할 때 더 즐거운 마음을 가지고 임하게 된다. 걷기운동도 마찬가지로 하고 싶은 일로 만들어보는 방법이다. 아무 생각 없이 걷기보다 목적지를 가지고 걸어보자. 아기 옷을 사러 가는 것도 좋고, 오랜만에 자신의 옷을 쇼핑하러 가는 등 기분전환에도 좋을 것이다. 먹고 싶은 음식을 남편에게 부탁하기보다 가끔은 직접 사러 나가보자.

즐거운 생각을 해보자　　태교워킹을 할 때 실제로 즐거운 생각을 하면 더 높은 운동 효과를 얻는다. 같은 조건으로 걷기운동을 할 때 기분이 좋을 때는 뇌가 온몸을 자유롭고 부드럽게 움직일 수 있도록 몸의 움직임을 좀 더 유연하게 만들어 힘도 덜 들고 순발력도 커져 돌발 상황에 쉽게 대처할 수 있게 도와준다.

하지만 기분이 좋지 않을 때 걸으면 뇌 기능이 떨어지는 동시에 반사신경 또한 둔감해져, 몸의 전체적인 적응력이 떨어져 걷는 것에 대한 흥미를 잃게 된다. 게다가 순발력 또한 줄어 부상의 위험에도 쉽게 노출된다.

기분이 좋았던 지난 시간이나 앞으로의 긍정적인 상상으로 운동을 즐겁게 해보자. 예를 들어 '이렇게 꾸준한 운동을 통해 순산하여 예쁜 아기를 만나자'라든가 '아기도, 나도 건강해질 거야'라는 즐거운 생각은 기분을 좋게 해주며 자연스럽게 운동에 대한 동기부여에도 도움이 된다.

구체적인 계획을 세워보자 지금까지 그날그날 내키는 대로 걸었다면 조금 더 구체적인 계획을 세우고 걸어보자. 계획대로 진행됐을 때의 보람과 만족은 즐거움으로 다가올 것이다. 예를 들어, 오늘은 산책로 왕복하기, 노래 열 곡 흐르는 동안 운동하기, $10m$씩 늘여가기도 좋고, 체중 관리가 필요한 임신 중기부터는 한 주에 $1kg$씩만 찌우기 등 체중과 관련된 계획도 세울 수 있다.

또 만보기가 있다면 목표의 결과가 눈에 더 확실히 보이니 만보기를 활용하여 걸음의 수를 계획할 수도 있다.

음악과 함께 길 걷기

대구에 있는 한 초등학교는 아침 8시부터 20분간 일찍 등교한 학생들을 대상으로 '음악과 함께 걷기' 운동을 시행하고 있다.

'음악과 함께 걷는 누리길 걷기'라는 명칭의 학교 특색사업은 아이들의 기초 체력을 향상시키고 수업 시작 전 가벼운 운동을 통해 맑은 정신으로 수업에 참여하도록 하기 위함이다.

아침에 일찍 등교한 학생들은 운동장 한 바퀴를 돌 때마다 스티커를 받는다. 이렇게 모은 스티커는 학교에서 제작한 공책에 1년 동안 모은다.

지금까지 아이들이 꾸준히 누리길 걷기에 잘 참여할 수 있었던 것은 운동이 가져다주는 즐거움도 있지만 음악이 함께하는 이유도 컸다. 움직이는 것을 싫어하는 요즘 학생들이 걷기운동을 지루해하지 않도록 음악을 틀어준 것이 효과가 있었던 것이다.

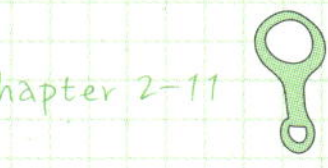

도심에서 즐기는 태교워킹

예전에는 자전거, 등산 등 운동을 하기 위해서는 산이나 자연 속으로 직접 찾아가야 했었다. 하지만 걷기운동의 중요성이 대두되고 걷기운동 열풍이 불면서 도심 곳곳에 산책로를 만드는 등 다양한 노력을 기울이고 있다. 그로 인해 바쁜 생활을 하는 직장인들이나 멀리 가기 여의치 않은 사람들도 가까운 곳에서 자연을 느끼며 운동을 즐길 수 있게 되었다. 또 어떤 곳은 유명 관광지 못지않게 예쁜 모습으로 사람들의 사랑을 받고 있다. 조금만 더 주변에 관심을 기울이면 자연의 여유로움을 느끼고 태교워킹도 즐길 수 있다.

역사가 살아있는 경희궁부터 덕수궁까지

서울에서 가장 아름다운 길로 꼽는 산책로다. 경희궁부터 정동길을 따라 덕수궁 돌담길, 그리고 덕수궁까지 이어지는 산책길은 연인들의 데이트 장소로 어울릴 만큼 아름다울 뿐만 아니라 도심에서는 쉽게 접하기 어려운 역사적 명소까지 둘러보며 걸을 수 있는 특별함이 있다. (주소 : 서울특별시 종로구 신문로2가 1)

자연 그대로를 체험할 수 있는 서울 창포원

평탄한 흙길로 조성되어 임신부, 노약자 등 이동이 어려운 사람들도 부담 없이 걷기 좋은 길이다. 창포원은 특수식물원으로 '세계 4대 꽃'으로 분류되는 붓꽃이 가득하며 12개의 주제로 이루어진 자연학습체험장이 있다. (주소 : 서울특별시 도봉구 마들로 916)

강남 명품 길, 강남천산 숲길

서울 강남에 있다는 것이 신기할 만큼 자연을 담고 있는 명품 길이다. 양재천을 건너 숲으로 들어서면 참나무와 소나무가 그늘을 만든 길이 이어지며 그 아래 나무와 꽃들이 기분 좋게 해준다. 다른 숲길과 달리 오르막길보다 평탄한 길이 많아 임신부가 걷기에도 부담이 없다. (주소 : 서울특별시 강남구 지하철 3호선 수서역 부근)

가을이 반가운 상암동 하늘공원

매년 가을마다 억새축제가 열릴 만큼 억새가 유명한 곳이다. 위에서 바라보는 억새들의 물결 때문에 눈이 즐겁다. 또 걷다 보면 기다란 나무들 사이로 조용히 산책할 수 있는 메타세콰이어길이 나온다. 나무 사이로 햇볕이 들 때면 도심 속 색다른 분위기도 느낄 수 있다. (주소 : 서울특별시 마포구 상암동 482)

우리나라 최초의 수목원, 홍릉수목원

우리나라 최초의 수목원인 홍릉수목원은 서울 근교 걷기 좋은 수목원으로 사랑을 받고 있다. 홍릉수목원은 사람들에게 자연을 선물하는데, 총 157과 2,035종의 국내 식물 2만여 개체를 수집ㆍ식재하여 전시하고 있다. 비록 주말에만 이용이 가능하지만 기분 좋은 휴일에 자연 속에서 걸어보자. (주소 : 서울특별시 동대문구 청량리동 207)

지역별 걷기 좋은 장소-경기도

자연 속 예술을 체험하는 안양예술공원

안양예술공원 산책로 내에는 세계적으로 유명한 작품이 설치되어 있어 산책로를 따라 걸으면서 숨어 있는 예술 작품을 감상할 수 있다. 2년마다 전시가 새로 기획되어 새로운 작품을 쉽게 만날 수 있다. 운동도 하고 예술 작품도 두루 만날 수 있으니 일석이조의 태교 효과를

누릴 수 있다. (주소 : 경기도 안양시 만안구 석수동 산21)

도심 속에서 즐기는 삼림욕, 오산 독산성산림욕장

오산 독산성삼림욕장은 한적하고 조용한 분위기에서 삼림욕을 효과적으로 즐길 수 있는 곳이다. 산책로 곳곳에 의자가 많아서 걷기가 힘들 때마다 휴식을 취할 수 있다. (주소 : 경기도 오산시 양산동 산 19-60)

아기자기한 마을을 걷는 느낌, 파주 헤이리

공기 좋고 구경할 곳이 많은 파주는 걷기 좋은 곳이 많다. 그 중 헤이리는 연인들끼리 데이트하기에 좋지만 걷기에도 좋은 장소다. 아기자기하게 꾸며놓은 마을은 걷기 좋은 기분이 들게 하며 예쁜 가게들은 구경만 해도 시간 가는 줄 모른다. (주소 : 경기도 파주시 탄현면 법흥리)

도심 속 시골의 정취가 있는 군포 벽화마을 납덕골

도시와 인접해 있지만 시골에 온 듯한 정겨움을 느낄 수 있다. 자연에서 나오는 기분 좋은 공기는 물론, 담벼락마다 그려져 있는 앙증맞은 벽화들이 마음을 깨끗하게 정화해주고 동심의 세계로 빠져들게 한다. 납덕골에서 걷다 보면 덕고개 당숲과 갈치 저수지가 나오는데 느릿한 걸음으로 1시간 정도 걸려 임신부도 다양한 자연을 느끼며 걷기에 편안한 곳이다. (주소 : 경기도 군포시 속달동 수리산)

지역별 걷기 좋은 장소-강원도

도시와 물의 조화, 원주 흥양천길

내천을 가운데 두고 있는 흥양천길은 원주 시민의 휴식 및 운동 공간으로 사랑받고 있다. 걷기도로는 탄성포장재로 되어 있어 발의 피로가 덜하고 내딛는 느낌도 좋아 남녀노소 누구나 편하게 걸을 수 있다. 조금 더 걸으면 원주아동센터와 장난감 박물관도 만날 수 있어 가족과 운동하며 들러도 좋다. (주소 : 강원도 원주시 태장동 1052-1)

김유정의 소설 속으로, 춘천 실레마을

코스는 실레마을부터 금병산 산책로인데 중간 중간 〈동백꽃〉, 〈봄봄〉 등의 작품을 쓴 김유정 소설가의 생가, 기념관 등 그가 살아온 동네를 볼 수 있다. 작품의 실제 배경이 되었기 때문에 마치 소설 속을 걷는 듯한 기분을 느낄 수 있으며 산길이지만 깨끗하게 정돈되어 있어 걷기에 좋다. (주소 : 강원도 춘천시 신동면 증리 371-1)

탄광촌에서 자연으로, 영월 모운동 숲길

오래전에는 탄광촌이었기 때문에 그 모습이 어렴풋이 있으면서 다시 자연 스스로 치유한 모습을 보며 감탄할 수 있는 곳이다. 걷는 것만으로도 피로에 쌓였던 몸과 마음을 위로할 수 있고 걷는 내내 전망이 좋아 지루할 틈이 없다. 영월 모운동 숲길은 가기 전에 예약을 해야 한다. (주소 : 강원도 영월군 김삿갓면 주문리 162)

자연 그대로, 평창 멧둔재옛길

오래전에는 정선과 평창을 이어주는 산길로 목탄차와 트럭, 버스가 통행했던 길이지만 멧둔재 터널이 뚫리면서 폐도가 되었고 그 후 이팝나무, 산딸나무, 계수나무, 편백나무, 마가목 등을 심어 생태탐방로로 조성한 곳이다. 이곳에서는 그림 같은 야생화와 산딸기를 보며 추억을 되살릴 수도 있다. (주소 : 강원도 평창군 평창읍 노론리)

신비로운 야생화들의 향연, 태백 야생화꽃길

자연을 즐기며 걸을 때마다 신비로운 자태를 뽐내는 야생화들이 반겨준다. 특히 꽃을 좋아하는 사람들은 더 반가울 것이고 시각적인 자극도 느낄 수 있다. 처음 보는 꽃들의 이름과 유래를 알아가며 걷는 것도 태교에 도움이 된다. (주소 : 강원도 삼척시 하장면 한소리)

지역별 걷기 좋은 장소-경상북도

아이들의 웃음소리가 들릴 듯한 포항 청송대 산책로

봄이면 벚꽃이 만발해 벚꽃놀이로도 으뜸인 장소이지만 바람을 막아주는 나무들 덕분에 겨울에 걸어도 춥지 않은 곳이다. 또 중간 중간 가지런하게 정리되어 있는 풀밭과 연못이 있어 어린아이들의 소풍 장소로도 인기가 많다. (주소 : 경상북도 포항시 남구 지곡동 467)

눈이 즐거운 영덕 해맞이공원

매달 걷기 행사가 열리는 영덕의 블루로드 중 가장 예쁘고 임신부가 걷기 편한 길이다. 가까이 바다가 있어 답답했던 일상에서 벗어나는 시원한 기분도 느낄 수 있다. (주소 : 경상북도 영덕군 영덕읍 대탄리)

과거를 걷다, 문경새재

문경새재는 한국의 아름다운 길로 선정될 만큼 이미 문경새재만이 가지고 있는 아름다움을 널리 인정받고 있다. 조상의 옛 과거 길로 잘 알려진 문경새재를 걷다 보면 타임머신을 타고 과거로 돌아간 것 같은 색다른 느낌을 받을 수 있다. 지역 특산물인 오미자체험관에 들러보는 것도 좋다. 매년 10월경 사과축제가 열리는데, 이때 나들이 계획을 세워보는 것도 좋다. (주소 : 경상북도 문경시 문경읍 상초리 288-1)

자연 치유 마을, 영양 대티골

영양의 대티골은 우리나라 3대 아름다운 숲길 중 하나다. 대티골 숲길은 원래 일제 강점기 때 풍부한 자연의 산물인 나무를 수탈해가는 대로로 이용되다가 버려진 후 저절로 다시 숲이 형성된 소중한 곳이다. 시야를 가득 채운 나무들과 시원한 계곡이 걷는 동안 지칠 틈을 주지 않고 태교워킹을 하는 동안 새로운 활력소로 다가올 것이다. (주소 : 경상북도 영양군 일월면 용화리 467)

선조의 옛이야기가 있는 영주 죽령옛길

영주의 죽령옛길은 소백산 국립공원 내 있는 길로 조선시대 부산에서 서울로 가는 가장 중심이 되었던 옛길이다. 죽령옛길의 유래를 알고 걷다 보면 무수한 사연들로 그 길을 오고 갔을 선조들의 이야기가 들려올 것만 같다. 또한 영주의 특산품인 사과 향을 맡으며 걸을 수 있다. (주소 : 경상북도 영주시 풍기읍 수철리 죽령옛길종점)

지역별 걷기 좋은 장소-경상남도

누구나 쉬어가는 길, 하동 토지길

느리게 걷기의 미학을 실천하고 있는 슬로시티 하동의 토지길은 박경리의 소설 《토지》의 배경이다. 그만큼 투박하고 시골스럽지만 정겨운 이곳은 여유를 느끼고 싶거나 지친 일상을 벗어나기에 좋은 장소다. (주소 : 경상남도 하동군 악양면 평사리)

마음을 시원하게 하는 공원, 통영 이순신공원

동양의 나폴리, 통영 이순신공원은 도심 사이 숨어 있는데 산책로가 바다를 끼고 있어 마음을 시원하게 해줄 뿐만 아니라 펼쳐진 녹음에 감탄사가 저절로 나온다. (주소 : 경상남도 통영시 정량동 683)

데이트하는 설렘이 있는 양산 유채꽃 길

양산에는 유채꽃이 길게 피어 있는 산책로가 있다. 호수와 노란 유채꽃 사이로 걷다 보면 어느새 데이트하는 것 같은 설렘을 느낄 수 있다. 또한 산책로로 만들어 놓았기 때문에 남녀노소 누구나 예쁜 배경 속에서 걷기를 즐길 수 있는 곳이다. (주소 : 경상남도 양산시 신기동)

빼어난 경관을 자랑하는 합천 가야산 소리길

가야산 소리길은 합천 홍류동계곡을 끼고 있어 특히 더운 여름날 더위에 지친 사람들을 위로해준다. 빽빽한 숲 그늘 속을 걷고 있노라면 빼어난 경관에 감탄을 금치 못할 것이다. 소리길은 비교적 평탄한 편이며 컨디션이 괜찮다면 해인사까지 다녀오는 것도 좋다. (주소 : 경상남도 합천군 가야면 구원리)

고즈넉한 여유를 즐길 수 있는, 밀양 영남루

밀양 강변 절벽 위에 위치한 영남루는, 조선 시대 손님을 맞거나 휴식 공간으로 쓰던 건물이다. 영남루의 아름다운 균형은 한국 건축의 미를 보여준다. 영남루를 에워싸는 녹음과 맑디맑은 밀양강의 배경도 뛰어나 걷다 보면 유유자적한 선비의 마음을 이해할 수 있을 것이다. 다만 영남루에 오르는 계단이 가파르므로 임신부는 주의해야 한다. (주소 : 경상남도 밀양시 내일동 40)

지역별 걷기 좋은 장소-전라북도

피부 치유에 뛰어난 익산 편백나무 숲

편백나무는 아토피 및 피부 질환에 효과가 좋다. 자연을 느끼면서 삼림욕, 걷기운동, 피부 재생의 효과까지 누릴 수 있다. (주소 : 전라북도 익산시 성당면 두동리)

선사유적지 속을 걷는 고창 질마재 고인돌길

고창 질마재 걷기 코스 중 가장 첫 코스에 고인돌길이 있다. 이 길에서 고인돌박물관을 관람할 수 있고 선사유적지의 모습도 볼 수 있다. 또 고인돌박물관에서 얼마 떨어지지 않은 곳에 고인돌 유적지가 있는데 고인돌의 엄청난 수에 놀라게 된다. 고창의 고인돌은 밀집도가 높아 화순과 강화의 고인돌과 함께 유네스코 세계문화유산으로 등재되어 있다. (주소 : 전라북도 고창군 아산면 운곡리)

한국의 멋을 느낄 수 있는 전주 한옥마을

전주 한옥마을은 조선시대부터 근현대까지 건축된 700여 채의 한옥과 전통문화 체험을 할 수 있는 곳이다. 또 전통혼례, 전통음식 등을 체험할 수 있다. (주소 : 전라북도 전주시 완산구 교동)

철길의 낭만, 군산 경암동 철길마을

좁은 철길을 사이에 두고 형형색색 판잣집이 늘어서 있는 군산 경암동 철길마을은 영화 속 배경으로 자주 등장한다. 군산을 방문한 관광객이라면 꼭 한 번 들리는 명소이기도 하지만 실제로 사람들이 생활하고 있는 곳이다. (주소 : 전라북도 군산시 경암동)

오솔길이 아름다운 장수 방화동 자연휴양림

곧게 뻗은 나무들과 깎아놓은 듯한 바위들, 그리고 멋진 폭포가 어우러진 곳이다. 휴양림 안에 캠핑장이 마련되어 있어 통나무집이나 텐트를 이용해 가족들과 캠핑을 즐기기에도 그만이다. 걷기 코스는 자연휴양림을 시작으로 계곡 상류 덕산용소까지 다녀오는 코스인데 그 사이 아기자기한 오솔길을 따라가다 보면 계곡, 원시림, 다람쥐 등 다양한 동식물을 한눈에 볼 수 있다. (주소 : 전라북도 장수군 번암면 사암리 625)

 지역별 걷기 좋은 장소-전라남도

낭만이 있는 곳, 담양 메타세쿼이아 가로수길

우리나라에서 로맨틱한 길 중 하나가 담양 메타세쿼이아 가로수길이 아닐까 싶다. 영화나 CF에 자주 등장하는 곳으로 많은 사람의 기억에 남을 만큼 멋진 곳이다. 카메라에 전부 담기 힘들 정도로 곧게 뻗은 나무들은 웅장함까지 더해준다.

다만 많은 사람이 몰리는 관계로 요금을 내고 입장이 가능하다. (주

소 : 전라남도 담양군 담양읍 학동리 578-4)

동양 최대의 백련 자생지, 무안 회산백련지

무안의 자랑, 회산백련지는 동양 최대의 백련 자생지로 다양한 연꽃들이 모인 연꽃호수이다. 처음에 들어서면 연꽃의 크기에 놀라고 조금 걷다 보면 그 아름다움에 놀라고 만다. 정갈하고 예쁘게 꾸며진 산책로도 좋지만 여러 종류의 연꽃을 보는 즐거움에 빠지게 된다. 7월 중순 꽃 피는 시기에 맞춰 가면 더욱 좋다. (주소 : 전라남도 무안군 일로읍 복용리 140-1)

온갖 꽃으로 가득한 산책길, 영광 숲쟁이꽃동산

영광의 숲쟁이꽃동산은 꽃이 필 때 가는 것이 좋겠지만 그때가 아니라도 자연을 느끼기에 충분한 곳이다. 빼곡히 들어선 나무들로 멀리 있는 길은 보이지 않을 정도로 나무가 울창한 숲을 이루고 있다. (주소 : 전라남도 영광군 법성면 진내리)

건강해지는 기분이 드는 광양 백운산자연휴양림

백운산자연휴양림에는 동식물들의 정보를 얻을 수 있는 전시관과 야영을 즐길 수 있는 야영장, 다양한 숙박시설이 마련되어 있어 가족이나 연인들 모두 좋아하는 곳이다. 또한 길을 따라 걷다 보면 산책길의 중심인 황톳길이 나타나는데, 맨발로 걸으며 발 지압을 할 수 있다. 일상생활에서 지친 몸이 마사지 받는 것처럼 시원해지고 건강해

지는 느낌을 받는다. (주소 : 전라남도 광양시 옥룡면 추산리 산115-1)

근심을 털어놓을 수 있는 구례 원추리꽃길

구례읍 서시천변은 매년 7월 중순이면 100만 송이의 원추리꽃이 피어 있는 특별한 산책로를 만들어낸다. 중국에서도 원추리를 훤초, 즉 '근심을 잊게 하는 꽃'이라고 부른다. 탐스럽고 노란 원추리를 보며 태교워킹을 하면 자연스레 근심을 잊을 수 있을 것만 같다. (주소 : 전라남도 구례군 구례읍)

 지역별 걷기 좋은 장소-충청북도

사진 찍기 좋은 곳, 제천 괴곡성벽길

제천에는 순우리말로 '나지막한 산기슭의 비탈진 땅'이라는 뜻을 가진 '자드락길'이 있다. 그 중 여섯 번째 코스인 괴곡성벽길은 이름과 달리 평탄하고 아름다운 모습으로 가장 인기 있는 코스다. 옥순봉 쉼터에서 시작해 괴곡리와 다불리를 지나 지곡리 고수골에 이르는 길로서 멋진 조망과 다양한 식물군이 하모니를 이루고 있는 코스다. 또한 둥굴레 등 여러 약초를 심어놓기도 해 걷는 것만으로도 건강해지는 것 같은 느낌이 든다. (주소 : 충청북도 제천시 청풍호 옥순대교)

자연과 사람이 어우러지는 괴산 산막이옛길

산막이옛길은 한 곳도 시선을 놓칠 수 없는 매력적인 길이다. 시원하게 펼쳐진 괴산호와 다양한 종류의 야생화들과 약초류, 산나물 등이 시선을 뗄 수 없게 만들며 무엇보다 자연과 잘 어울리도록 만든 옛길 위의 작품들도 볼 만하다. 자연을 좋아하는 사람, 볼거리를 좋아하는 사람, 남녀노소 모두 즐길 수 있는 길이 바로 산막이옛길이다. (주소 : 충청북도 괴산군 칠성면 사은리 546-1)

동화 속에서 튀어나온 듯한 청주 수암골 벽화마을

청주의 수암골 벽화마을은 벽과 담벼락은 물론, 계단까지 하나의 스케치북이 되어 동화 속 그림들을 재현해 놓았다. 인기 있었던 드라마 '제빵왕 김탁구' 촬영지로도 유명해 사람들의 발길이 이어지고 있다. (주소 : 충청북도 청주시 상당구 수동 1)

조용한 여유를 만끽할 수 있는 청원 청남대 산책길

대청호를 끼고 이어지는 산책길은 내방객이 많지 않아 조용한 산책을 즐길 수 있다. 복잡한 도시생활에 지쳤을 때 남편과 혹은 가족끼리 여유로움을 느낄 수 있는 길이다. (주소 : 충청북도 청원군 문의면 신대리 산26-1)

자연과 벗 삼을 수 있는 곳, 증평 율리저수지

증평은 지역적으로는 좁은 곳이지만 자연을 느끼기에는 충분하다.

특히 좌구산 아래의 한적한 시골 마을인 율리에는 자연을 만끽할 수 있는 휴양촌과 산책로 및 여러 편의시설 덕분에 등산객들이 종종 찾아온다. 율리를 향해 걷다 보면 나오는 율리저수지는 잔잔한 물결과 시원한 경치를 벗 삼아 고요함을 즐기기 좋은 곳이다. (주소 : 충청북도 증평군 증평읍 율리)

 지역별 걷기 좋은 장소-충청남도

소박하면서도 평화로운 당진 왜목마을

'해가 뜨고 지는 마을'의 뜻을 가진 왜목마을은 야트막한 산과 산 사이가 움푹 들어가 가늘게 이어진 땅 모양이 마치 누워 있는 사람의 목처럼 잘록하게 생겼다 하여 붙여진 이름이다. 왜목마을은 조용하고 한적한 어촌이었는데, 서해안에서 바다 일출을 볼 수 있는 곳으로 유명해졌다. 왜목마을 걷는 길은 1km 남짓으로 바다를 감상하며 부담 없이 걷기 좋다. (주소 : 충청남도 당진시 석문면 교로리 844-4)

낯설지만 편안한 길, 서산 아라메길

서산의 아라메길은 바다의 고유어인 '아라'와 산의 우리말인 '메'가 합쳐진 말로 바다와 산이 만나는 곳임을 이름에서부터 알 수 있다. 유기방 가옥 → 유상묵 가옥 → 마애여래삼존상 → 보원사지 → 개심사 → 해미읍성으로 이어지는 코스는 우리나라의 전통가옥과 불교문화를 체험하기에 충분하다. 경사가 있긴 하지만 길이 푹신푹신하므로 주의하여 걸으면 괜찮다. (주소 : 충청남도 서산시 운산면 여미리)

모래가 전해주는 부드러움, 태안 솔모랫길

태안의 솔모랫길은 태안 해안길 중 네 번째 코스에 속한 길이다. 바다를 마주 보고 맨발로 모래를 밟는 이 길은 운동 효과가 뛰어나다. 모랫길 걷기는 아스팔트보다 2배가량 힘들고 에너지도 2.5배 더 소모돼 운동 효과도 높다. 무엇보다 모래의 부드러움에 기분이 좋아진다. 또한 독특한 해안 생태계를 느낄 수 있도록 바다, 갯벌, 해안사구, 곰솔림, 사구 습지로 연결되는 1km의 자연관찰로가 있어 자연을 느끼기에도 제격이다. (주소 : 충청남도 태안군 몽산포항)

이국적인 느낌의 아산 지산공원

아산시의 지산공원에는 풍력발전기가 돌아가고 있어 이국적인 느낌이 물씬 풍긴다. 여러 가지 조형물과 솟대, 숲 속 에코힐링 맨발 황톳길, 생태호수공원 등이 풍력발전기와 어우러져 다양한 볼거리와 편안한 휴식공간을 제공하여 시민의 안식처가 되고 있다. (주소 : 충청남도 아산시 배방읍 장재리)

감성을 자극하는 보령 개화예술공원

공원 내에 미술관, 조각공원, 낚시체험을 할 수 있는 곳 등 다양한 테마로 이루어져 있다. 미술관에서 예술작품을 감상하고, 바위마다 좋은 글귀와 시가 적혀 있는 조각공원에서 시를 읽으며 감상에 젖을 수 있으며 맞은편에 자리한 허브랜드에서는 허브 향 덕분에 기분이 맑아진다. (주소 : 충청남도 보령시 성주면 개화리 177-2)

 지역별 걷기 좋은 장소-부산광역시

다양한 자연의 모습, 부산 회동수원지 둘레길

부산의 회동수원지는 그 지역 일대에 물을 제공하는 깨끗한 호수와 피로를 풀게 해줄 숲, 걷기운동을 지루하지 않게 해줄 새 등 다양한 자연이 한데 어우러져 있어 태교워킹 장소로 좋은 곳이다. 물길을 따라 이어지는 숲 속 오솔길은 흙길이라 자연 속 걷기의 낭만을 더해준다. (주소 : 부산광역시 금정구 회동동)

지역별 걷기 좋은 장소-인천광역시

인천의 역사를 한눈에, 인천 배다리길

'인천'하면 소래포구나 월미도가 유명하지만 요즘 주목받고 있는 곳은 배다리길이다. 특히 인천의 역사를 볼 수 있는 '근대역사 문화의 거리'는 일제 강점기 때 지어진 은행, 건물 등 다양한 유적이 보존되어 있다. 이어지는 곳에는 자유공원이 있어 도심 속 자연을 느낄 수

있다. (주소 : 인천광역시 동구 금곡동 13-1)

지역별 걷기 좋은 장소-광주광역시

철길의 재탄생, 광주 푸른길공원

광주의 푸른길공원은 본래 기차가 다니는 철길이었지만 소음과 교통체증 해소를 위해 철길이 외곽으로 이전하면서 생긴 공원이다. 기찻길 주변 마을 곳곳에 예쁜 벽화를 그려놓아 걷는 이들의 기분을 좋게 만들어준다. 또 농장다리까지 걸으면 광주디자인비엔날레의 작품들도 만나볼 수 있다. 푸른길공원은 생태공간뿐만 아니라 문화예술이 숨 쉬는 곳이다. (주소 : 광주광역시 남구 백운동 631-9)

지역별 걷기 좋은 장소-대전광역시

예술작품 감상과 산책을 한 번에, 대전 예술의전당

공식적인 산책로는 아니지만 대전 예술의전당 주변 길은 아름다운 자연과 예술작품으로 둘러싸여 많은 사람이 데이트나 산책로로 이용하고 있다. 공연이나 미술작품을 감상하는 등 특별한 태교워킹 장소로 좋다. (주소 : 대전광역시 서구 만년동 396)

 ## 지역별 걷기 좋은 장소-대구광역시

자연의 싱그러움을 누릴 수 있는 대구수목원

대구수목원은 도심 가운데 자연을 가져다 놓은 듯한 모습이다. 평소 쉽게 접해보지 못했던 꽃, 식물, 새, 곤충을 보는 것만으로도 일상의 피로를 잊을 수 있다. 이런 다양한 자연의 모습과 편안한 산책길 덕분에 가족의 소풍 장소로 인기가 높다. (주소 : 대구광역시 달서구 대곡동 284)

 ## 지역별 걷기 좋은 장소-울산광역시

산책을 위해 태어난 울산 선암호수공원

커다란 호수를 중심으로 산책로가 꾸며져 있다. 코스마다 거리, 시간, 칼로리 소모량이 기록되어 있어 임신 중 체중 관리가 필요한 임신부들에게 안성맞춤인 곳이다. (주소 : 울산광역시 남구 달동 1320-1)

특별한 자연에서 즐기는 걷기 태교

요즘은 여행사마다 걷기여행상품을 내놓을 만큼 걷기를 위해 여행을 떠나는 사람들이 늘고 있다. 제주도의 올레길을 시작으로 지역마다 그 지역을 대표하는 걷기 코스가 생기고 있다는 것도 그만큼 사람들의 걷기여행에 대한 관심이 높아졌다는 증거일 것이다.

건강을 위해, 휴식을 위해, 자연을 만끽하며 걷기운동을 하면 2배 이상의 효과를 얻을 수 있다. 임신부들은 태교를 위해, 때로는 본인의 휴식을 위해 특별한 자연이 있는 곳으로 여행을 떠나는 것도 좋다.

 ## 걷는 사람들을 위해 태어난 제주도 올레길

제주도 올레길이 지금의 걷기 열풍을 일으켰다고 해도 과언이 아닐 만큼 올레길은 걷기를 좋아하는 사람들에게 여전히 큰 인기를 끌고 있다. 현재 코스는 20코스에 5코스가 추가되어 총 25코스이며 모두 자연이 만든 산책로다. 코스마다 보이는 것과 배경은 다르겠지만 어디를 걸어도 제주도를 느낄 수 있다. 다만, 코스별로 난이도가 다르기 때문에 개인마다 맞는 코스를 이용하는 것이 좋다.

난이도가 비교적 쉬운 곳은 광치기 해변에서 온평포구로 가는 2코스, 쇠소깍 휴게소에서 외돌개 입구까지 가는 6코스, 배를 타고 우도를 걷는 1-1코스 등으로 걷기에 부담이 없으면서 멋진 풍경을 볼 수 있는 장점이 있다. 또한 제주의 정취도 물씬 느낄 수 있어 색다른 느낌을 받기도 한다. 이것이 올레길이 가진 매력이자 인기의 이유일 것이다.

 ## 자연 박물관, 제주도 사려니숲길

특별한 볼거리를 원한다면 올레길을 찾는 것이 좋지만 숲을 느끼고 싶다면 비교적 완만한 길로 이루어진 제주도 사려니숲길을 추천한다.

사려니숲길은 제주시 봉개동 절물오름 남쪽 비자림로에서 물찻오름을 지나 서귀포시 남원읍 한남리 사려니오름까지 이어지는 약 15

*km*의 숲길이다. 약 3~4시간 정도로 꽤 긴 시간이 걸리니 임신부는 무리해서 전 코스를 걷기보다는 자신의 상태나 운동 능력에 맞게 시간 배분을 하고 적당한 곳을 목표로 정하는 것이 좋다.

사려니숲은 78과 254종의 생물이 살고 있는 거대한 자연 박물관이다. 물참오름, 말참오름, 마은이오름, 서어나무, 산딸나무 등 평소 이름도 들어보기 힘들었던 자연림들이 자생하고 있다. 또한 산수국이 군락을 이뤄 절경을 이룬다. 에코힐링 체험 노릇길도 있으니, 찾아가 보자.

산, 강, 바다를 갖춘 아름다운 고장, 부산의 갈맷길

제주도 올레길만큼 아름다운 걷기 장소가 많다. 부산의 갈맷길도 그 중 하나. 부산시는 '걷기 좋은 길'을 조성하여 갈맷길이라는 이름을 붙였다. 갈맷길은 부산의 대표적인 새인 갈매기와 짙은 초록색이라는 뜻인 '갈매빛'의 이중적인 의미를 지니고 있다. 총 9개 코스, 21개 구간으로 나눠져 있는 갈맷길은 길마다 부산의 다른 매력을 느낄 수 있어 내국인, 외국인 모두 흥미로워하기에 충분한 곳이다. 얼마 전에는 외국인 관광객 전용 갈맷길 지도가 만들어져 그 인기를 실감케 한다.

깎아 세운 듯한 벼랑과 기암괴석들의 장관, 거기에 시원한 바닷바람을 맞으며 산책할 수 있는 태종대 유원지, 부산 시내와 바다까지 내려다볼 수 있는 전망대가 있어 산책 중 휴식을 취하기 좋은 용두산공원, 아름다운 사원과 다양한 불상, 십이지신상 등 멋진 건축물과 조각들로 눈길을 사로잡는 해동 용궁사는 코스별로 걷기 좋고 인기가 많은 장소이다.

또한 갈맷길은 해마다 축제가 열리기 때문에 날짜를 미리 알아보고 맞춰 가는 것도 갈맷길을 즐기는 하나의 방법이다.

산책의 주제를 고르는 강원도 강릉 바우길

강원도 강릉에 걷기 코스로 유명한 바우길이 있다. 이미 인간 친화적인 운동 코스로 트레킹을 즐기는 사람들 사이에서는 꽤 유명하다. 코스가 비교적 완만해 임신부에게도 적당할 뿐만 아니라 어린아이와 함께 온 가족이 걷기에도 좋은 길이다. 특히 가장 매력적인 점은 17개의 코스가 각자 테마를 가지고 있다는 것이다.

마치 외국을 연상케 하는 선자령 풍차길, 신사임당과 어린 율곡이 손잡고 걸었던 대관령 옛길, 어명을 받든 소나무길, 사계절 모두 다른 모습을 보여주는 사천 둑방길, 바닷길을 따라 걷는 강릉바다 호수길, 우리나라에서 가장 큰 절을 볼 수 있었던 굴산사 가는 길 등 다양한 테마를 가지고 있다.

바우길은 금강소나무 숲이 70% 이상으로 이루어져 있어 트레킹과 삼림욕, 두 가지의 효과를 누릴 수 있다. 금강소나무 덕분에 더운 여름에도 시원한 숲 속의 그늘을 느낄 수 있다.

선조의 삶을 재연한 남해 바래길

다른 걷기 코스보다 화려하진 않지만 자연 그대로의 모습이 정겹고 아름답게 다가오는 남해의 바래길은 옛날 남해 사람들이 갯벌에 나가 조개, 홍합을 캐고 톳나물, 김, 미역을 따는 행위를 '바래'라 해서 이를 따서 이름이 지어졌다.

총 14코스로 꾸며져 있는 이 길은 사람들의 손이 거의 타지 않은 자연적인 모습으로 보존하고 있다.

또 지게길 걷기, 손 그물 낚시, 떼배 타기, 카누, 쏙·조개 잡이, 통발 체험 등 시기에 따라 체험을 골라 하는 재미가 있다. 7~11월은 고사리가 녹색 융단처럼 깔린 산길을 따라 남해 절경을 감상하기 좋은 시기다.

더 알아보기

임신부 여행 시 준비물

• 구급용품

여행 갈 때 구급용품은 일반 사람들에게도 필수이지만 작은 상처라도 임신부에게는 치명적일 수 있기 때문에 꼭 준비하도록 한다. 상처나 벌레 물린 곳에 바르는 연고, 소화제나 진통제 등 상황에 맞게 구급용품을 준비하되, 산부인과 의사와 상담하여 미리 처방 가능한 약을 챙기는 것이 현명하다.

• 산모수첩

임신부에게 산모수첩은 필수품이다. 위급상황이 발생해서 낯선 장소에서 병원을 방문할 경우 임신부와 아기의 정보를 의사가 한눈에 파악하고 그에 맞는 치료를 바로 조치할 수 있다.

• 간식

여행 중에는 사 먹는 음식이 대부분이지만 입맛이 까다로워지거나 예민해지는 임신 중에는 새로운 음식으로 인해 탈이 날 수 있으니 평소 잘 먹는 간식이나 잘 받는 음식을 따로 준비한다.

• 다리 전용 크림

임신 중에는 조금만 걸어도 다리가 많이 붓는데 여행을 하며 이곳저곳 돌아다니다 보면 더 심해질 수 있다. 그런 임신부들을 위한 다리 전용 크림이 시중에 많이 나와 있는데 자신에게 맞는 제품을 선택하여 다리가 붓는 것을 예방하고 즐거운 여행이 될 수 있도록 하자.

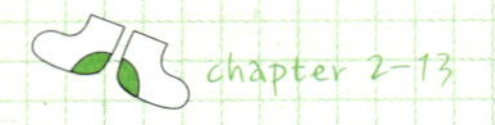

걷기운동, 방심하면 사고 난다

태교워킹은 특별한 준비물 없이 누구나 간단하게 할 수 있는 운동이다. 하지만 오히려 간단하고 안전하다고 해서 방심하면 부상에 노출될 수 있다. 실제로 걷기운동을 만만히 생각하고 준비운동을 제대로 하지 않거나, 바른 자세로 임하지 않으면 무릎이나 발목 등 관절에 부상을 입을 수 있다.

태교워킹을 하는 임신부는 특히 주의해야 한다. 이미 몸무게가 많이 늘었기 때문에 다리에 무리가 더 많이 가기 때문이다. 가장 중요한 것은 충분한 준비운동과 올바른 자세로 부상을 예방하는 일이지만 혹시나 부상을 입었을 경우에는 곧바로 그에 맞는 처방을 하도록 한다.

발목 부상　　걷기운동 중 가장 많이 부상을 입는 곳은 발목이다. 특별히 운동 중이 아닐 때도 삐끗하기 쉬우며 부상을 방치하는 경우가 많아 더 큰 문제로 이어질 수 있다. 발목을 삐었다면 일단 움직이지 않도록 보호한 후 얼음찜질을 해주고 붕대 같은 것으로 감아 압박을 하면 좋다. 응급조치 후 하루 이틀이 지나도 부기가 빠지지 않고 걷기 힘들다면 병원을 찾는다.

발목 염좌는 1~3도 손상으로 나뉘는데 1도는 가벼운 손상으로 걸을 수 있어 1~2주 정도면 자연스럽게 낫는 경우가 많다. 2도는 부분적으로 인대가 파열된 것으로 병원을 찾아 깁스를 하는 것이 좋다. 3도는 인대가 완전히 파열된 것으로 반드시 깁스를 해서 인대를 붙여줘야 한다. 필요에 따라 수술을 할 수 있으니 반드시 임신 상태에 따라 의사와 상담을 받아야 한다.

무릎 부상　　얼음찜질을 10분 하고 20분 쉬고 10분 하는 방법으로 하루에 두 번씩 반복한다. 무릎에 부상을 한 번이라도 입게 되면 계속 반복되기 쉽고 회복하는 시간이 오래 걸리므로 무리한 움직임을 삼가도록 한다. 증세가 완화되더라도 얼음찜질을 게을리하지 말고 2주 정도 계속해주고 운동을 다시 시작하더라도 거리와 속도를 줄여서 한다. 물론 전문의와의 상담을 꼭 거쳐 인대파열 등과 같이 더 심각한 부상인지 확인해봐야 한다.

일광 화상　　오랜 시간 햇빛에 노출되면 피부가 붉어지고 부풀어

오르는 일광화상을 입을 수 있다. 심한 경우 물집이 생기거나 피부가 벗겨질 수 있고 오한, 발열, 어지러움 등의 전신 증상도 생길 수 있다. 무엇보다 화상을 입지 않도록 자외선 차단제, 모자, 선글라스 등으로 예방하는 것이 중요하지만 발생했을 경우 빠른 처치를 해야 한다.

먼저 통증과 열감이 가라앉도록 차가운 물수건이나 얼음 등으로 냉 찜질을 해 진정시키고, 피부가 건조해지지 않도록 보습과 영양에 신 경을 쓴다. 하루에 7~10잔의 물을 꾸준히 마셔 피부에 수분을 공급 해주고, 보습제를 충분히 발라 직접적인 수분 손실을 막는 것도 방법 이다. 집에서는 보습 작용과 피부 진정에 도움이 되는 오이나 항염 작 용이 있는 감자를 천연팩으로 활용하는 것도 좋다.

만약 물집에 생겼다면 2차적으로 세균 감염이 발생할 수 있으나 손 대지 말고 병원에서 치료를 받도록 하고, 시간이 지나 피부가 가라앉 는 단계에서 각질이 일어날 수 있는데 이때 억지로 벗겨내면 증상이 악화될 수 있으니 수분을 공급해주며 자연스럽게 떨어질 때까지 기다 린다.

일사병과 열사병　　일사병은 장시간 햇볕을 쬐면 느낄 수 있는 어 지러움, 두통, 일시적인 실신 등이 증상이다. 조금이라도 어지러움이 느껴지면 시원한 장소로 옮긴 후 물을 마시고 갈증을 풀어주면 진정 될 수 있다.

열사병은 자주 일어나는 질병은 아니지만 치료를 하지 않으면 매우 위험한 열중증의 증상으로, 밀폐된 공간에서 격렬한 신체활동을 할 경우 나타난다. 피부가 뜨겁고 건조하며 붉은색을 띠고 땀을 흘리지 않는 것이 특징이다. 젖은 수건 등으로 체온을 내려주고 속히 병원을 찾아야 한다.

이러한 열중증은 기온과 습도가 높고 바람은 약한 날씨, 일교차가 심할 때 자주 발생하며, 특히 선선했다가 갑자기 더워지는 날씨에 급증한다. 봄에서 여름으로 넘어가는 환절기나 오랫동안 장마가 지속되다가 강한 햇볕이 내리쬐는 7~8월에 급증하니 이럴 때는 각별히 주의하거나 너무 더운 날에는 실외운동이나 강도가 높은 운동을 쉬도록 한다.

더 알아보기

걷기운동을 중단해야 할 때

걷기운동을 할 때 특별히 주의해야 할 때가 있다. 다음과 같은 증상이 나타나면 운동을 멈추고 전문의와 상의하도록 한다.

- 지속적으로 자궁이 수축될 경우
- 태동이 중단됐을 경우
- 점혈이나 출혈이 일어날 경우
- 태아가 너무 작을 경우
- 전치태반(태반이 자궁 출구에 매우 근접해 있거나 출구를 덮고 있을 경우)
- 다태아 임신일 경우
- 자궁경부무력증일 경우

태교워킹 일지 쓰기

태교워킹을 시작하기에 적합한 장소와 시간을 이해하고 준비 사항까지 익혔다면 이제 스스로 맞는 걷기운동을 계획해보자. 대부분의 사람이 운동을 시작하고 얼마 되지 않아 포기하거나 자연스럽게 그만두는 일이 많다.

태교워킹은 운동이라는 생각보다는 뱃속의 아기와 자신의 건강을 위해 즐거운 시간을 보내는 일이라고 생각한다면 충분히 해낼 수 있을 것이다.

자신이 운동한 것을 꼼꼼히 기록하는 '태교워킹 일지'를 작성해보는 것도 좋다. 하루의 운동량을 한눈에 볼 수 있으며 다음 계획도 쉽게 세울 수 있다. 또한 운동하면서 느낀 점이나 계획과 달랐던 부분을 바탕으로 운동 습관을 개선해 나갈 수 있을 뿐만 아니라 기록한 것들을 보며 남다른 보람과 의욕이 생겨 정체기를 극복할 수 있다는 장점이 있다.

임신 전에 운동을 전혀 하지 않았던 임신부는 주 3회부터 시작하여 차츰 늘려가는 것이 좋다. 또한 일주일에 하루는 휴일로 정하는 것도 좋은 방법이다. 컨디션이 괜찮다고 생각되거나 많이 운동하고 싶다고 해도 하루에 40분 이상 넘기지 않도록 주의한다.

태교워킹 계획의 예시

다음 표는 보기 쉽게 만든 예시로 반드시 똑같이 할 필요는 없다. 다만 초보자와 경험자로 나눠 실시한다.

시간을 나눠서 2회로 걷거나 어떤 날은 특별한 장소를 선택하여 걸으면 지루하지 않아 더 오래 지속할 수 있다. 또한 초보자라도 일정한 속도를 유지하며 시간을 늘리면 중기 이후에는 경험자와 같은 시간만큼 태교워킹을 충분히 즐길 수 있다.

예시를 보며 자신에게 맞는 계획표를 작성해보고 꾸준한 태교워킹을 실천해보자.

초기

월	화	수	목	금	토	일
15분 걷기	15분씩 1회	집 앞 공원 한 바퀴 (15분)	휴일	10분씩 2회	15분 걷기	15분씩 2회

중기 이후

월	화	수	목	금	토	일
30분 걷기	20분씩 1회	집 앞 공원 두 바퀴 (30분)	휴일	15분씩 2회	30분 걷기	20분씩 2회

태교워킹 일지 작성하기

태교워킹 일지 또한 정해진 틀에 얽매이기보다 특별히 신경 쓰는 부분을 기준으로 만들면 된다. 예를 들어, 시간이나 거리 또는 걸음 수를 기준으로 작성할 수도 있고 체중 관리를 위한 운동 중이라면 체중 변화에 대해 자세히 체크해볼 수도 있다.

태교워킹 일지 쓰기가 처음에는 번거롭다고 느낄 수 있지만 운동을 시작하는 사람에게는 일지의 생활화가 운동 효과에 많은 도움이 될 것이다. 무슨 일이든지 목표를 가지고 시작하는 것과 그냥 시작하는 것에는 차이가 있다. 태교워킹이 끝나갈 때쯤에는 나만의 운동기록장이 완성될 것이며, 자신과 아기의 건강이 한층 좋아질 것이다.

태교워킹 일지 쓰기

나의 목표

체크리스트

날짜	시간	걸음수 (만보기)	거리	비고

4주간 체중 변화

날짜	시간	걸음수	거리	비고

걷기운동에 대한 오해

김미옥 씨는 임신 후 갑자기 불어난 몸무게를 조절하려고 운동을 시작했다. 하지만 운동 후 물을 마시고 체중계에 올라가 보니 오히려 몸무게가 늘어 있었다. 그 후에는 물을 마시는 것을 참았지만 갈증만 심해질 뿐, 몸무게는 줄지 않았다.

물 300ml를 마시고 곧바로 체중을 재면 200g이 늘어나 있을 것이다. 이것은 방금 마신 물이 몸 안에 남아 있기 때문이지 그만큼 살이 찐 것은 아니다. 또 땀을 흘려 몸 밖으로 수분을 내보내면 그만큼 체중이 줄게 된다. 이것 역시 수분이 배출된 것이지 살이 빠진 것이 아니다.

물은 칼로리가 없기 때문에 체중과는 크게 상관이 없다. 오히려 체지방을 분해해주고 이뇨작용을 해 몸속의 노폐물을 배출시켜주기 때문에 일정한 양을 지속적으로 섭취한다면 다이어트에 도움이 된다.

이처럼 우리는 걷기에 대해 잘못 알고 있는 상식들이 많다. 태교워킹을 제대로 알고 시작한다면 좀 더 효과적으로 운동할 수 있을 것이다. 다음은 일반적으로 가지고 있는 걷기운동에 대한 오해이다.

걷기는 편해야 한다? 걷기가 일상적인 움직임이다 보니 편해야 한다고 생각할 수 있지만, 운동을 할 때에는 편안함보다 중요한 것이 바른 자세이다. 일상적으로 걸을 때는 편한 것이 맞지만 운동할 때만큼은 바른 자세를 유지하기 위한 노력을 기울이자. 바른 자세가 습관이 된다면 나중에는 의식하지 않아도 편하게 바른 자세를 유지할 수 있을 것이다.

통증을 참아야 한다? 운동 후 허벅지나 배가 당기거나 다리, 어깨 등 근육통으로 몸이 아플 수 있다. 운동을 했으니 그럴 수도 있다며 대수롭지 않게 넘기기도 하지만 운동으로 인한 아픔을 무조건 참는 것은 옳지 않다. 어딘가 아프다는 것은 무리를 했다는 증거이며, 특히 임신부는 무리하지 않는 정도로 운동해야 한다. 운동 후에 근육이 아프다면 이후에는 통증이 느껴지지 않을 정도로 운동량을 줄여보고, 아픔이 계속된다면 꼭 병원을 찾도록 한다.

많이 걸으면 다리가 두꺼워진다? 하체가 튼튼한 여성들이 꺼리는 운동 중 하나가 걷기운동이다. 아마 많이 걸으면 다리가 두꺼워진다는 오해 때문일 것이다. 단지 걸을 때 당기는 느낌이나 근육이 도드라져 보이는 것 때문에 다리가 두꺼워지는 것 같다는 오해를 하지만, 오히려 걷기운동은 종아리 근육의 탄력을 높여주고 지방은 줄여주기 때문에 다리가 두꺼워진다는 걱정을 하지 않아도 된다.

아침 운동은 해롭다?　　　아침에는 공기 속 오염물질이나 미세먼지가 아래쪽으로 내려와 유산소운동을 하는 것이 해롭다고 알려졌지만, 사실 도심은 아침과 저녁이 크게 다르지 않다. 자신이 편한 시간대에 하며 특히 태아의 상태를 고려해서 하는 게 좋다. 그리고 아침에 할 경우에는 운동 30분 전에는 식사를 하는 것이 건강을 지키는 일이다.

chapter 3

총명한 아이를 위한 태교워킹

똑똑하고 감성이 풍부한 아이를 낳고 싶은 엄마라면 아기가 뱃속에 있을 때부터 뇌 활동이 활발해지도록 하자. 일주일에 3번 이상, 태교워킹을 꾸준히 하면 태아에게 전해지는 혈류 공급이 원활해진다. 걷기가 학습 능력과 집중력, 추상적 사고 능력을 15% 이상 향상시킨다는 연구 결과에 주목하자.

세로토닌
걷기

세로토닌은 충동을 억제하고 긍정적인 마인드를 길러주는 대뇌 신경전달물질 중 하나로 수많은 신경을 지휘한다. 오케스트라로 말하자면 지휘자의 역할을 한다고 할 수 있다. 세로토닌은 행복의 감정을 느끼게 해주는 기능을 한다. 우리는 이 물질을 활용하여 몸은 물론 마음의 균형까지 바로잡을 수 있으며, 의욕적이고 긍정적인 마인드까지 생겨난다.

그런데 요즘 사람들은 왜 세로토닌에 관심을 두는 걸까? 잠깐의 여유도 없이 바쁘게 돌아가는 현대사회는 그 어느 때보다 삭막하게 변해 있다. 사람이 하루에 근심 걱정으로 보내는 시간이 약 3시간이고, 일하는 시간은 약 8시간이지만 웃는 시간 약 90초 정도라고 한다. 사람들이 바빠질수록 웃음은 사라지고 있으며 직장에서의 스트레스, 육아에 대한 스트레스 등 여러 종류의 스트레스를 받으며 건강까지 악화되고 있다.

하지만 스트레스를 받으며 생활한다고 해서 해결되는 건 없다. 오히려 스트레스로 인한 짜증과 삶에 대한 욕구 저하로 악순환을 반복할 뿐이다. 충동적이고 부정적인 마음을 조절하고 마음을 다스려야 하는 데, 이때 필요한 것이 세로토닌이다.

세로토닌이 활성화되면 짜증이나 우울한 마음을 잊게 해주고 즐겁고 긍정적인 마음으로 채워준다. 반대로 세로토닌이 결핍되면 아드레날린이나 엔도르핀과 같은 호르몬 분비를 조절할 수 없게 되어 우울증, 공황장애, 폭력성 증가 등의 정신질환이 나타날 우려가 있다.

미국의 학술지 〈사이언스(Science)〉는 세로토닌이 뇌에서 전달되는 과정을 'p11'이라는 유전자가 관여하며 이 유전자의 역할에 따라 우울증에 대한 감수성이 결정된다고 발표했다. 그동안 세로토닌과 우울증 사이에 상관관계가 있다는 연구 결과는 나왔었지만 세로토닌이 부족하면 왜 우울증이 발생하는지 그 원인은 밝혀지지 않았었다. 그런데 이 연구를 통해 'p11'이라는 단백질이 뇌세포가 세로토닌에 반응하는 것을 통제하기 때문인 것으로 밝혀졌다.

'p11'은 세로토닌 수용체에 결합하는 단백질 가운데 하나인데, 'p11'이 결핍될 경우 인간의 뇌세포는 세로토닌에 대해 적절하게 반응하지 않게 되는 것이다.

세로토닌의 기능

마인드 컨트롤　공격성, 폭력성, 충동성, 의존성, 중독성 등을 조절해 평상심을 유지하게 도와주어 우울증이나 불면증을 고칠 수 있다.

집중력과 기억력의 향상　신피질을 조절해 잡념을 없애주고 변연계를 활성화함으로써 집중력과 기억력 향상에 도움을 준다.

긍정적인 사고방식　엔도르핀의 분비를 적절히 조절하여 긍정적인 사고방식을 갖게 하고 삶에 생기와 의욕을 불어넣어 준다.

이런 세로토닌은 현대인에게도 필요하지만 임신부에게도 필요한 요소이다. 스스로 긍정적인 생각을 하면서 태아의 뇌에도 좋은 영향을 미치고, 임신 중 갑자기 찾아오는 우울증이나 불면증을 예방할 수 있기 때문이다.

세로토닌을 활성화하는 방법으로 가장 효과적이고도 쉬운 방법이 바로 '걷기운동'이다. 아주 간단하게는 씹는 행동에서부터 뜨개질, 그림 그리기, 댄스, 수영, 체조 등 반복적인 리듬 운동이 세로토닌 분비를 돕는데, 걷기운동이 특히 리듬감과 강도가 적당하여 뇌를 자극하는 데 효과적이다.

세로토닌 걷기 방법

걷기 시작하고 5분 후면 세로토닌이 활성화되어 기분이 상쾌해진다. 20~30분이 지나면 정점에 달해 어느 순간 내 몸과 마음이 달라졌다는 것을 깨닫게 될 것이다. 더 큰 효과를 누리기 위해서는 실내보다 공원이나 산책로를 이용하자. 망막으로 들어오는 햇볕이 뇌 속의 세로토닌 신경을 더 자극하기 때문이다.

아침에 커튼을 열고 햇볕을 계속 쬐거나 공원을 산책할 때 기분이 상쾌하다면, 세로토닌이 증가하고 있는 것이다. 이렇게 걷기를 생활화하여 기분 좋은 에너지를 생성하고 자연과 함께 외부로부터 오는 스트레스를 이기다 보면 몸은 물론 마음까지 아름답게 만들 수 있을 것이다.

더 알아보기

일상생활에서 세로토닌 만나기

• 웃자

행복해서 웃는 것이 아니라 웃어서 행복하다고 말한다. 거울을 자주 보고 행복한 웃음을 지어보자. 기분이 좋아질 것이다. 그리고 그 순간 세로토닌이 생성되고 하루하루가 달라질 것이다.

• 책을 읽자

책을 읽다 보면 '아하!' 라며 깨우치는 순간이 있다. 그때가 바로 세로토닌이 생성되는 시간이다. 고요했던 뇌에 지적 회로가 생기는 것이다. 이런 지적 자극이 뇌에 퍼져 수많은 아이디어가 되고, 지식으로 남는 것이다.

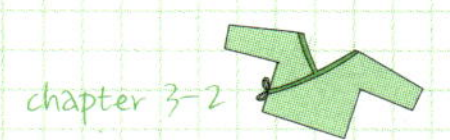

기억력이 좋아지는 걷기

이따금 임신 중에 입덧, 허리통증 말고도 건망증을 호소하는 임신부들이 있다.

임신 7개월의 김영애 씨는 임신 후 예전보다 건망증이 심해졌다. 휴대전화를 놓고 나갔다가 다시 들어오는 것은 예삿일이고 손에 쥐고 있으면서 찾기도 한다. 한번은 장을 보러 마트에 갔다가 방송으로 들려오는 자신의 이름을 듣고 깜짝 놀랐다. 잃어버린 지갑을 찾아가란 내용이었다. 더 놀라운 것은 방송이 나올 때까지 지갑을 잃어버린 것도 몰랐다는 사실이었다.

임신 중 건망증은 실제로 존재하는 것인지 밝혀진 바는 없으나 임신 중에는 뇌세포 크기가 줄어들어 그럴 수도 있다는 가능성이 보고되었다. 아마 아기에 대한 걱정, 마음대로 움직이기 힘들어진 몸, 호르몬의 변화 등으로 인해 피로를 느껴 다른 것에 더 신경을 쓰지 못하는 원인도 있을 것이다.

실제로는 임신 전, 후 건망증의 차이가 크지는 않지만 본인 스스로 잊어버린다는 것을 크게 인식하여 건망증이 생기는 것을 느낀다는 분석도 있다. 하지만 어떤 이유든 일상생활에 지장이 있는 건망증이라면 적절한 대책을 세우는 것이 좋다.

걷기운동이 기억력을 좋게 한다?

미국 일리노이대학교 의대 연구팀이 걷기운동이 기억력에 좋다는 연구결과를 발표했다. 평균적인 뇌 크기를 가진 사람 210명을 선정하여 1회 1시간씩, 1주일에 3회 빨리 걷기를 시키고 3개월 뒤 기억을 담당하는 뇌세포의 활동 상태를 조사하는 방법이었다. 그 결과 뇌는 또래 연령대보다 평균 세 살 어린 뇌 활동력을 보였으며, 운동 경추가 자극되어 뇌 혈류가 2배로 증가해 장기적으로 기억력 향상에 도움이 되는 것을 밝혀낼 수 있었다.

우리는 언제 머리를 쓸까? 보통의 사람들은 영어 단어를 외우거나 어려운 수학 공식을 풀 때라고 생각할 것이다. 물론 책상에 앉아 무언가 공부할 때 '뇌 속의 뇌'라 불리는 전두연합령이 쉴 새 없이 활동하게 된다.

뇌의 최고 중추기능을 하는 전두연합령은 생각하고 배우고 실행하는 학습, 추론, 의욕, 감정 등의 역할을 수행한다. 예를 들어 스스로 무언가를 목표하고 그것을 실행하기 위한 계획을 짜고, 계획을 추진하고 이루기 위해 열심히 일하고, 모든 일이 끝난 후 반성하는 일 모두 전두연합령이 중심이 되어 하는 일이다.

그런데 이러한 전두연합령이 활발히 움직일 때가 바로 걸을 때이다. 뇌를 좀 더 폭넓게 활용하고 싶다면, 영어 단어를 외울 때보다 오히려 걸을 때가 두뇌 활동에 더 효과적이다. 따라서 태교워킹은 몸을 건강하게 만들어줄 뿐만 아니라 뇌도 건강하게 해준다.

사람이 몸을 사용하지 않으면 근육이 굳게 된다. 우리의 뇌도 마찬가지다. 뇌를 쓰지 않으면 신경회로망의 활동도 조용해지지만 뇌를 사용하면 조용했던 신경회로망이 다시 활기를 찾는다.

뇌를 계속 쓰지 않으면 뇌의 기능이 점점 퇴화하고, 결국 신경세포가 죽어 회로신경망이 움직임을 멈추게 된다. 이럴 때 건망증이 생기는 것이다. 반대로 신경망이 활발한 활동을 할 때, 잃어버린 것들을 학습해서 다시 기억해낼 수 있고 새로운 지식도 머릿속에 안전하게 저장할 수 있다.

그러므로 우리는 계속 신경망을 자극해야 하는데, 최고의 방법이 바로 태교워킹인 셈이다. 걸으면 뇌의 활동신호에 파란 불이 들어온다는 사실을 명심하자.

걷기운동이 건강한 뇌 만든다

걷기운동은 산소를 필요로 하는 유산소운동이다. 그렇다면 유산소운동이 아닌 다른 운동으로도 기억력을 강화시킬 수 있을까?

미국 피츠버그대학교 심리학과의 커크 에릭슨박사와 연구진은 하루 종일 앉아 지내는 55~80세의 노인 120명을 두 그룹으로 나누어 한 그룹에는 매주 3회, 40분 걷기운동을 하게 했고, 다른 한 그룹에게는 스트레칭과 건강 체조만 하게 했다. 실험 전, 후에 뇌의 MRI 검사를 시행한 결과 유산소운동을 한 그룹은 기억력 담당인 해마의 용적이 왼쪽과 오른쪽, 각각 2.12%, 1.97% 증가한 것을 볼 수 있었다. 하지만 스트레칭 운동을 한 그룹은 해마 용적이 왼쪽과 오른쪽 각각 1.40%와 1.43%가 감소했다.

또한 공간 기억력 테스트도 실시했다. 그 결과 걷기운동을 한 그룹은 뇌의 해마 크기가 증가했으나, 스트레칭 운동을 한 그룹은 감소했다. 또 한 가지 특징은 실험 전부터 꾸준히 운동을 했던 사람은 해마의 축소 정도가 적다는 점이다. 이는 꾸준한 운동이 뇌의 축소를 예방한다는 사실을 말해준다.

평균적으로 건강한 성인은 해마가 1년에 약 1~2% 감소하게 된다. 노화로 인한 뇌의 위축은 피하기 어렵지만 적당한 강도의 걷기운동은 기억력을 증진시킨다.

우리 아이
뇌를 깨우는 걷기

요즘 임신부들의 최대 관심거리는 창의적이고 감성적인 아이를 낳는 것이다. 똑똑하고 감성이 풍부한 아이를 낳고 싶다면 먼저 뇌 활동을 활발히 할 수 있도록 해야 한다.

뇌는 몸무게의 2%를 차지하지만, 에너지 소비량은 전체의 18%나 된다. 뇌는 포도당을 통해 에너지를 내는데 이때 혈류가 포도당을 뇌로 운반해준다. 여기서 태교워킹의 중요성이 부각되는데, 걷기운동은 몸속의 혈류를 증폭시킨다. 따라서 포도당을 뇌로 더 많이 보낼 수 있게 도와주는 역할을 하여 뇌의 기능을 활성화한다.

뇌와 발은 멀리 떨어져 있지만 사실은 밀접한 관계이다. 자주 걸을수록 그 자극은 각각의 혈관과 신경을 따라 뇌에 전달되게 된다. 특히 뇌의 노화를 막아주는 긴장근이 하반신에 있어 다리를 많이 움직이면 뇌를 젊게 만들 수 있다.

일주일에 적어도 세 번씩, 느긋하게 걸어주는 것만으로도 학습 능력과 집중력, 추상적 사고 능력이 15%나 오른다는 연구 결과를 비롯해 이미 많은 연구 결과가 뇌와 걷기운동의 상관관계를 설명해주고 있다.

뇌와 걷기의 상관관계

미국 일리노이주립대학교의 아서크레이머 교수 연구진은 꾸준히 운동을 해온 학생들의 뇌 사진을 촬영해봤다. 그 결과 꾸준히 운동한 학생들은 인지능력이 평균보다 좋았고 성적 또한 더 좋은 것으로 나타났다. 이렇듯 운동량이 많은 사람은 뇌의 노화를 늦추고 BDNF(신경세포 영양인자) 및 신경전달물질들이 증가하여 뇌 기능이 발달한다.

그런가하면 미국 시카고의 네이퍼빌고등학교에서는 수년째 아침 정규수업 전에 강도 높은 체육수업을 실시하고 있다. 체육수업을 실시한 후 1999년 TIMSS(수학·과학 성취도 추이 변화 국제비교연구)에서 과학 1위, 수학 5위의 놀라운 성적을 기록하였으며 학생들의 집중력 향상은 물론 문학, 수학 등 주요 과목에서 눈에 띄게 성적이 향상되는 것을 경험하였기 때문이다.

외국뿐만 아니라 우리나라의 우수한 학생들이 모여 있는 민족사관

고등학교에서도 기상 후 첫 일과는 체육 활동인 만큼 운동이 학생들의 뇌 활동에 미치는 긍정적 영향이 크다는 것을 알 수 있다.

임신부 운동이 아이에게 미치는 효과

임신한 사람이 운동을 하면 태아에게 원활하게 혈류를 공급해줄 수 있기 때문에 아이는 더 건강하고 똑똑하게 자랄 수 있다. 반대로 엄마가 스트레스를 받거나 흡연을 할 경우에는 혈류 공급을 막아 뱃속의 아기가 제대로 자랄 수 없다. 그러므로 태아에게 건강하고 똑똑한 뇌를 물려주고 싶은 엄마라면 아기가 뱃속에 있을 때부터 꾸준한 운동을 통해 혈류 공급을 원활하게 만들어줘야 한다.

미국 케이스웨스턴리저브대학교 생식생물학과 교수이자 산부인과 의사인 제임스 클랩은 20여 년간 엄마의 운동이 아기에 미치는 영향을 연구해왔다. 그는 열심히 운동을 한 임신부 34명과 운동을 하지 않은 임신부 31명의 아이들을 장시간 관찰했다.

그 결과 신생아 때부터 청소년기, 대학에 진학할 때까지의 두 그룹의 아이들은 각종 지적능력 수치에서 큰 차이를 보였다. 물론 임신부가 운동을 했던 그룹의 아이들 실력이 월등히 높았다.

엄마 뱃속에 있던 단 열 달간의 차이로 아이의 학습 능력이 달라진 것이다.

임신부의 일과 태아의 뇌

네덜란드의 에라스뮈스 메디컬센터의 알렉스 부르도르프 박사가 4,600여 명의 임신부의 직업과 아기 뇌와의 관계를 연구한 결과 판매나 교직처럼 오랜 시간 서서 일하는 직업을 가진 여성의 아기들이 출산 후 다른 아기들에 비해 머리 사이즈가 평균 3% 정도 작다는 것을 알 수 있었다.

아기의 머리 사이즈가 작다는 것은 인지능력이 저하될 가능성이 있다는 말로, 오래 서 있는 것은 아기의 뇌 발달에 좋지 않은 영향을 미친다는 것을 의미한다. 또한 일주일에 40시간 이상 일했던 임신부는 25시간 정도 일했던 임신부가 출산한 아기에 비해 머리 사이즈가 작은 아기를 출산했다.

이러한 결과는 임신 중에 장시간 서 있거나 지나치게 오래 일하는 것은 태아의 성장에 좋지 않음을 의미한다. 장기간 오래 서서 일해야 하거나 오랜 시간 일하는 임신부라면 시간이 날 때마다 스트레칭이나 운동을 해서 몸을 움직여주는 것이 좋다.

걸으면서 듣는 태교음악

가장 대표적인 태교 방법 중 하나가 바로 음악태교다. 이는 태아의 뇌 발달의 90%가 청력에 의해서 이루어지기 때문인데, 소리를 많이 들려주어 기분 좋은 자극과 행복한 기억을 많이 갖도록 해주는 것이 중요하기 때문이다.

뱃속에서부터 음악을 접하며 성장한 아기는 감수성과 인지력 발달이 그렇지 않은 아기에 비해 뛰어나고, 초기 언어를 받아들이는 우뇌가 잘 발달하여 말을 빨리 익힐 수 있다. 또한, 뇌에서 엔도르핀이 분비되어 상상력, 집중력, 창조력을 키울 수 있다.

이런 음악태교의 효과는 태교워킹과도 많이 닮았다. 태교워킹과 음악태교는 특별한 준비물 없이 쉽게 접할 수 있으며 감수성을 키우고 정서적 안정감을 느낄 수 있는 태교 방법이기 때문이다. 태교워킹을 통해 태교에 좋은 음악을 듣는다면 두 배의 효과를 누릴 수 있을 것이다.

태교음악, 어떻게 들으면 좋을까?

내 아이를 위한 태교음악, 정말 클래식이 제일 좋을까? 태교음악 중 가장 대표적인 것이 클래식이다. 클래식에는 두뇌 발달에 좋은 알파파가 많이 들어 있어 아기의 정서적 안정감과 두뇌 계발의 효과를 얻을 수 있다. 클래식 음악을 들을 때 나오는 알파파는 뇌가 안정되고 편안한 상태일 때 나오며 그때 집중력이 향상되고 두뇌의 활동이 활발해진다.

특히 모차르트나 베토벤, 바흐 등이 작곡한 명곡들은 아기의 뇌를 긍정적으로 자극하고 태교워킹과도 잘 어울리는 음악이다.

하지만 클래식이 지루하다고 생각해 좋아하지 않는 엄마들도 많다. 태아는 엄마의 감정을 느끼고 배우기 때문에 엄마가 좋아하지 않는 음악이라면 아기에게도 긍정적 영향력을 미치기 어렵다. 클래식도 좋지만 더 좋은 건 엄마가 지루해하지 않고 듣기 좋은 음악이다.

국악과 서양의 클래식은 나라의 정서만 다를 뿐, 박자는 4/4로 같아 클래식과 비슷한 효과를 볼 수 있다. 또 경음악이나 뉴에이지 음악 등 다양한 장르의 태교음악들이 시중에 나와 있으므로 엄마와 태아에게 맞는 음악을 잘 골라서 선택하도록 한다.

태교음악은 온종일 듣기보다 매일 꾸준히, 일정한 시간에 듣는 것이 좋다. 20~30분이 적당한데 아기가 잠을 자는 시간과 활동하는 시간을 파악하면 더 효과적인 음악태교가 가능하다. 아기가 잘 때는 차분하고 조용한 음악을, 활동할 때는 신이 나고 경쾌한 음악을 들으며 아기의 기분을 맞춰줄 수 있는 센스 있는 엄마가 되어보자.

태교음악으로 인기가 많은 클래식 리스트

모차르트

클라리넷 협주곡 A장조 K.622

소나타 제16번 작품번호 545. 1악장 알레그로

플루트 협주곡 제1번 G장조 K.313

세레나데 제13번 〈아이네 클라이네 나하트 무지크〉

베토벤

피아노 독주곡 A단조 작품번호 173 〈엘리제를 위하여〉

교향곡 제1번 제3악장

교향곡 제6번 〈전원〉

피아노 소나타 제14번 〈월광〉

헨델

관현악 모음곡 중 수상음악

쇼팽

왈츠 (Valse op.64 no.2) 제7번

비발디

바이올린 협주곡 〈사계〉

슈베르트

교향곡 제8번 〈미완성〉

오페라

조슬랭의 아리아 〈자장가〉

〈타이스〉 중 간주곡 일명 〈타이스의 명상곡〉

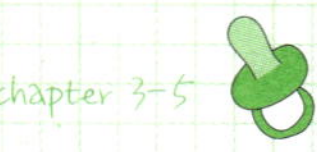

뇌가 좋아하는 음식

　　뱃속의 아기는 모든 영양분을 엄마를 통해 얻기 때문에 '음식태교'라는 것이 따로 있을 만큼 임신부는 먹는 음식에 신경을 많이 써야 한다. 또한 음식태교는 예쁘고 맛있어 보이는 음식으로 시각적 자극을, 향이 좋은 음식으로 후각적 자극을, 맛있는 음식을 음미하며 미각적 자극을 줄 수도 있다. 임신 중 맡은 향에 아기가 반응을 한다고 하니 음식은 태교에 중요한 역할을 하는 것이 틀림없다.

　　임신부와 아기에게 좋은 영향을 미치는 많은 음식 중에서 특히 뇌가 좋아하는 음식이 있다.

　　음식이 두뇌에 바로 영향을 주지는 않지만 두뇌에 좋은 음식을 먹으면 IQ 향상, 집중력 강화, 스트레스 완화, 두뇌 에너지 공급 등에 효과가 있어 아이의 두뇌 활동에 도움을 줄 수 있다.

뇌가 좋아하는 음식

호두　사람의 뇌를 닮아 두뇌 회전에 좋다는 속설 때문인지 사람들이 가장 잘 알고 있는 음식이다. 호두는 강력한 항산화물질인 비타민 E가 풍부하여 우울증이나 치매 예방, 노화 방지, 그리고 집중력 향상에 도움이 된다. 또한 신경쇠약이나 변비에도 좋아 하루에 1~2알 정도 먹는 것이 좋다.

등푸른 생선　고등어, 꽁치, 참치, 정어리 등 등푸른생선에 많이 들어 있는 DHA는 필수 지방산의 하나로, 뇌를 구성하고 있는 지방의 약 10%를 차지하며 두뇌 발달을 돕고 기억력을 높이는 데 효과가 있다. 또한 감정 조절에 효과적인 오메가3와 셀레늄이 풍부하다. 필수 지방산이 많은 오메가3는 뇌를 기분 좋게 해주는 역할을 하고 셀레늄은 걱정, 불안, 적대감, 부정적인 감정을 줄여주는 역할을 한다.

콩　뇌세포의 회복을 돕는 영양소가 풍부하여 똑똑해지는 음식으로 인기가 있다. 콩에 함유된 식물성 단백질과 복합 당은 뇌에 가장 좋은 에너지원이며, 콩 펩타이드는 뇌와 근육의 피로를 풀어주는 데 효과적이기 때문에 콩을 먹으면 신체와 정신이 빠르게 활기를 되찾을 수 있다. 콩을 발효시키면 뇌 발달에 필요한 글루타민산이 생성되는데 날로 먹기보다는 발효시켜서 된장, 고추장, 청국장, 낫또, 간장으로 먹는 것이 건강에 이롭다.

포도 주스　　두뇌 활동에 도움이 되는 에너지물질이 풍부하다. 특히 탄수화물의 가장 작은 형태인 포도당을 섭취하면 두뇌 회전을 좋게 하여 뇌에서의 활동을 활발하게 만들어주고 기력을 빠르게 회복시키는 효과가 있다. 또한 장단기 기억력 향상에도 도움이 된다.

브로콜리　　뇌세포의 에너지원이 되는 엽산이 풍부하여 기억력과 집중력을 높여준다. 뇌뿐만 아니라 피로 회복과 면역력 강화에도 도움이 되어 잔병 없이 건강한 체력을 유지할 수 있다.

죽순　　조선 시대의 임금님의 수라상에 올라갈 만큼 두뇌 발달의 효과를 인정받았다. 죽순이 가진 독특한 식감은 입안의 씹는 힘을 좋게 하여 뇌를 활발하게 만들어준다. 무언가를 씹을 때 뇌의 활동은 활발해져 반사 신경, 인지능력, 판단력, 집중력을 높여준다.

참깨　　뇌를 비롯한 전신 세포의 주재료인 지질이 45~55% 정도 함유되어 있고, 뇌 신경세포의 주성분인 아미노산이 풍부하게 들어 있어 두뇌에 좋은 음식으로 꼽힌다.

걸으면서 아기와 대화하는 태담태교

태담태교는 말 그대로 뱃속의 아기에게 여러 이야기를 들려주는 태교법이다. 태담태교는 부모가 아기에게 말을 걸며 사랑을 전하기, 배를 만져주면서 스킨십하기, 아기가 발로 찰 때마다 반응해주면서 대답해주기 등을 포함한 아기와 부모의 모든 의사소통을 말한다.

태담태교를 활발히 해주면 부모와 아기와의 친밀감과 애착감이 형성되고 부모가 항상 옆에 있다는 생각에 태아도 마음의 안정을 얻을 수 있다. 또한 청력과 함께 오감이 발달한 30주 이상의 태아들은 태담태교를 통해 학습력을 높일 수도 있다. 일상적인 대화는 물론, 태교에 도움이 되는 음악, 혹은 동화책을 읽어주는 등의 태교는 똑똑하고 감수성이 뛰어난 아이로 성장할 수 있게 도와준다.

다음과 같은 방법으로 걸으면서 태담태교를 해보자.

 ## 태담태교 방법

기분 좋은 목소리로　사람은 기분에 따라 목소리가 달라지는데 엄마의 억양, 목소리의 높낮이에 따라 아기가 느끼는 것도 다르다. 기분이 좋지 않은 목소리는 아기에게도 좋지 않은 영향을 미치는 것이 당연하다. "빨리 나와", "엄마 힘드니까 가만히 있어" 등의 부정적인 말은 하지 않도록 한다.

그림 그리듯 묘사하기　걷기를 하면서 주변의 아름다운 자연이나 보이는 것들에 대해 태아에게 들려주면 좋은데, 이때 그림을 그리듯 묘사하며 자세히 설명해주는 것이 좋다. 예를 들어, "OO야, 오늘은 정말 날씨가 좋아, 꼭 구름이 솜사탕 같네", "우와, 우리 아기 닮은 예쁜 꽃이 있어" 등 상황을 더 자세히 설명해주자.

또 엄마가 뇌 활동을 하면 아기의 뇌도 함께 발달하는데 머릿속으로 상상을 하고 걸으면 뇌가 더욱 자극된다.

미래지향적인 이야기하기　출산 후에 아기와 만날 일 등 앞으로의 이야기를 해준다. "OO야, 건강히 나오면 그때는 같이 손잡고 이 길을 걷자", "엄마는 OO가 건강히 나올 수 있게 열심히 운동을 하고 있어" 등의 말은 출산 시 엄마만큼 힘들 아기에게 응원이 될 수 있다.

자연의 소리 들려주기　　새소리나 물소리, 혹은 바람에 흔들리는 나뭇잎 소리가 크게 다가올 때가 있다. 그럴 땐 잠시 태담을 멈추고 배를 어루만지며 자연의 소리에 집중한다.

태동에 바로 반응하기　　아기의 태동에 바로 반응을 보여주도록 하자. "우리 OO, 정말 힘이 세구나", "그래, 엄마 여기 있어" 등의 반응을 보이면 마치 엄마의 대답을 들은 듯 태아는 마음의 안정을 취할 것이다.

더 알아보기

대화를 먹고 자라는 아기들

유대인들은 갓난아이도 인격체로 대한다. 그렇기때문에 우유를 먹이고 기저귀를 채우는 것만으로 부모의 도리를 다했다고 여기지 않고, 함께 끊임없이 대화하는 의무를 중요하게 생각한다.

그래서 유대인 부모는 갓난아기에게 항상 주위의 것들에 대해 이야기해 주면서 말을 건넨다.

"여기서 빙글빙글 도는 게 뭔지 아니? 모빌이라고 하는 거야. 이 모빌에는 새가 달려 있네? 새는 '짹짹' 하고 소리를 내는 것도 있고, '구구' 하고 소리를 내는 것도 있단다."

음악을 틀어 주고, 그림을 보여 주고, 장난감을 보여 줄 때에도 마찬가지이다. 친구가 찾아왔다거나 외출을 하는 등 생활의 작은 변화에도, 그것을 아기에게 일일이 설명을 해준다.

이것은 자녀와의 대화를 가장 중요하게 여기는 오랜 육아 전통에서 비롯된 것이다.

유대인들은 부모와 자녀와의 대화야말로 서로의 사랑을 느끼고 감정을 이해할 수 있도록 도와준다고 믿기 때문에, 부모와 자녀가 나누는 한마디의 대화가 영어나 수학을 공부하는 일보다 중요하다고 믿는다.

chapter 4

04

걸으면서 지키는
임신부 건강

태교워킹은 태아뿐만 아니라 임신부의 심장, 폐, 근육, 혈액의 활동이 활
발해지도록 도와준다. 또한 허리 근육과 복부 근육을 튼튼하게 만들어주
어 요통이 완화되고 임신 중 비만의 위험을 줄여준다. 태교워킹으로 여러
가지 질환의 예방뿐만 아니라 건강한 몸을 유지해보자.

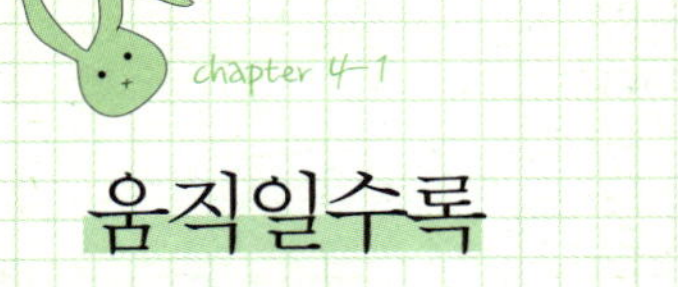

움직일수록
활발해지는 심장

임신 중 이따금 알 수 없는 원인으로 갑자기 심장이 아프다거나 심장 박동수가 빨라져 불안함을 호소하는 임신부가 있다.

임신 20주의 김미애 씨도 몇 주 전 가만히 누워 쉬고 있었는데 갑자기 가슴 한쪽에 쥐어짜는 듯한 통증과 함께 1초간 숨이 멈추는 것을 느꼈다. 임신 전에도 가끔 통증이 있었지만 불안한 마음에 병원을 찾아 심장 초음파 검사를 해보았다.

초음파 결과 특별한 소견이 없었지만 걷기운동을 해볼 것을 추천받았다. 다만 무리하게 걷기운동을 하면 심장에 무리가 될 수도 있으니 속도를 적당하게 하여 걷는 것이 안전하다는 의사의 말을 듣고 집으로 돌아왔다.

이후 미애 씨는 1주일에 3회씩 태교워킹을 시작했다. 준비운동 역시 다른 사람에 비해 길게 했다. 걷기운동을 꽤 오래 지속됐을 때에 스스로 신기할 만큼 더 이상의 통증이 없었다.

임신 중에는 작은 증상도 불안함으로 이어져 아기에게 좋지 않은 영향을 미칠 수 있으므로 즉시 병원을 찾는 것이 좋다. 하지만 그 전에 꾸준한 운동으로 병을 예방하는 것이 현명하다.

요즘 임신부들은 바쁜 생활과 잘못된 습관으로 운동에 인색하다. 하지만 운동이 없는 생활을 지속하다 보면 나이가 들었을 때 돌연사하거나 심장 질환 등 질병에 노출될 확률이 두세 배 높아진다. 요즘 들어 고혈압이나 협심증, 심장 발작, 심근경색 같은 병에 걸리는 40대 이상의 가장이 많아지는 이유도 운동하는 시간이 점점 줄고 있는 현실과 연관이 있다. 앞에 열거한 질환이 무서운 이유 중 하나는 발병한 후 특별한 치료법이 없기 때문이다. 따라서 예방이 곧 치료법이라는 사실을 잊지 말아야 한다.

심장이 좋지 않다는 이유로 운동을 게을리하거나 아예 하지 않는 사람들이 있다. 걷기는 심장에 무리를 주지 않으면서도 심장을 튼튼하게 만들어주는 가장 적합한 운동이다. 심장 전문가들 또한 걷기운동을 적극 추천하고 있으므로 운동을 게을리 하지 말고 걷기운동을 통해 튼튼한 심장을 만들어보자.

걷기가 심장에 좋은 이유

미국 하버드대학교 의과대학의 스포츠과학연구센터에서 5년간 약 4만 명의 여성들을 대상으로 운동 습관과 심장병 발병률의 연관성을 연구했다. 그 결과, 1주일에 1시간 이상 걷기만 해도 심장병 발병률을 50% 낮출 수 있다는 것을 발견했다. 걷기운동을 하루 30분씩, 1주일에 3회만 해도 심장마비 발생률을 37% 이상 낮출 수 있었다.

보통 협심증이나 심근경색증은 관상동맥이 좁아져서 생기는 질병이다. 관상동맥은 심장에 피를 공급하는 중요한 혈관인데 걷기운동을 하면 심장 기능이 강화되고, 심장을 이루고 있는 근육에 산소 공급을 해주면서 심장이 튼튼해지고 혈관의 탄력성이 높아지는 것이다. 이런 원리는 관상동맥과 관련된 심장 질환들의 위험으로부터 멀어지게 하는 결과를 낳는다.

심장이 좋지 않으면 쉬어야 한다?

피곤하거나 어딘가 건강이 좋지 않으면 가만히 휴식을 취하는 것이 좋다고 생각하기 쉽지만 오히려 오랜 시간 움직이지 않고 가만히 있으면 평소 별다른 증상이 없는 사람이라도 고혈압이나 콜레스테롤 수치가 높은 상태에서 흡연을 하는 만큼 심장에 부담을 준다. 전문가들 역시 건강을 가장 악화시키는 것은 몸을 움직이지 않는 것이라고 입을 모아 이야기하고 있다.

그러므로 임신 중이라도 전문의와 상담 후 태교워킹을 통해 몸을 움직이는 것이 좋다. 임신 전 심장 질환을 앓았던 사람이라면 필요한 것이 걷기운동이다.

걷기운동은 심장 외에 다른 장기의 기능에도 도움을 준다. 걷기운동을 하면 공기 중의 산소를 많이 공급받으려 하기 때문에 이로 인해 폐의 활동도 강화시켜 준다. 이때 흡입한 산소는 혈액 속에 녹아들었다가 다시 심장의 활동으로 온몸에 퍼져 나가게 된다. 또한 걷게 되면 혈액은 자연스럽게 근육으로 보내져 근육 속의 모세혈관이 발달하게 되고 결과적으로 혈액의 흐름이 좋아진다.

따라서 걷기운동은 심장, 폐, 근육, 혈액의 활동이 활발해지도록 도와 심장과 폐, 근육을 튼튼하게 만드는 결과를 낳는다. 이런 과정이 꾸준히 반복되면 심장 질환의 예방뿐만 아니라 건강한 몸을 유지할 수 있다.

요통을 줄여주는
태교워킹

임신부에게 요통은 누구나 경험하는 고통이다. 더구나 오래 앉아 일하는 임신부는 서 있을 때보다 허리에 3~4배 더 부담이 되기 때문에 오히려 움직이지 않으면 요통을 더 심하게 느낄 수밖에 없다.

임신부 요통의 원인

임신을 하면 평균 10~13kg 정도 늘어난다. 이중 가장 많이 불어나는 곳은 아무래도 배인데, 그러다 보니 배를 지탱하기 위해 많은 임신부가 습관적으로 허리를 뒤로 젖히게 된다. 이 때문에 원래 정상적이었던 척추 라인이 무너져 과도하게 휘어지고 이로 인해 척추 뼈와 디스크에 많은 부하를 주어 허리 통증을 유발한다.

또한 배가 불러옴에 따라 복근은 늘어나고 신전근은 과도하게 수축하면서 근육이 점차 약해지고 허리의 힘을 제대로 쓸 수가 없다. 복근은 허리를 앞으로 굽혀주는 역할을, 신전근은 허리를 펴거나 뒤로 젖혀주는 역할을 하는데, 평소에 운동을 하지 않은 임신부라면 허리에 통증이 생길 수 있다.

임신부가 가장 쉽게 요통을 줄일 수 있는 방법은 바로 허리 근육과 복부 근육을 튼튼하게 만들어주는 것이다. 태교워킹은 척추를 지탱하는 허리 근육과 복행근 근육을 강화시켜준다. 실제로 서울의 한 병원에서는 만성 요통으로 치료를 받는 환자들에게 치료 후 걷기운동을 하게 하자 98%의 환자들이 좋은 결과를 얻을 수 있었다.

산부인과 의사와 상담 후 태교워킹으로 요통을 줄여보자.

 요통을 완화하며 걷기

바닥이 평평한 곳에서 천천히 걷는다　　요통이 심할 때 바닥이 고르지 않은 길을 걸으면 엉덩이뼈와 척추에 받는 충격이 고르지가 않게 된다. 그러면 허리 물렁뼈와 인대, 근육에 부담이 쌓여 통증을 악화시킨다.

척추의 곡선을 유지하며 걸어라　　척추는 일직선이 아닌 S자 모양으로 휘어져 있다. 이 모양은 걸을 때 땅에서 받는 충격을 흡수하기 좋은 구조이기 때문에 이러한 자세를 유지하며 걷는다면 허리에 충격을 덜 줄 수 있다.

오르막길이나 계단을 피하라　　경사가 진 곳이나 계단은 척추의 곡선을 유지하기 힘들어 척추 사이에 있는 물렁뼈에 많은 압력이 가해진다. 그러므로 요통이 심할 때는 오르막길과 계단은 피하도록 한다.

오래 걷지 마라　　요통이 있을 때는 오래 걸으면 척추에 부담을 준다. 또한 걸을 때의 충격이 엉덩이뼈를 틀어지게 만들어 요통을 더 악화시킬 뿐이다. 그러므로 걷기 전과 후에 충분한 스트레칭으로 근육을 이완시키고 한 번에 30분 이내로 걷도록 하고, 몸 상태에 따라 걷는 시간과 횟수를 조금씩 늘려나간다.

임신 중 골다공증,
걷기로 예방하기

임신 20주에 다다르는 이강아 씨는 심란한 하루를 보내고 있다. 28세밖에 되지 않은 그녀는 자신을 젊고 건강한 임신부라 믿고 있었는데 골다공증 판정을 받게 된 것이다. 평균 수치와도 차이가 크게 나서 순산을 할 수 있을지, 아기는 괜찮을지, 여러 가지 걱정이 앞섰다.

이강아 씨는 의사의 조언에 따라 걷기운동을 시작했다. 의사는 골다공증은 산책을 통해 햇볕을 쬐는 것만으로도 많은 도움이 된다고 말했다. 꾸준히 걷기운동을 한 그녀는 예정일을 하루 앞두고 무사히 건강한 아기를 낳을 수 있었다.

임신을 하면 배가 불러오고 하중 되는 힘 때문에 하체에 무리가 가고 약해져 평소에 운동이 부족하면 골다공증에 걸릴 확률이 높아진다.

또한 다음과 같은 이유도 골다공증의 원인이 되니 미리 참고하여 예방하는 것이 좋다.

임신 중 골다공증의 원인

칼슘 부족　　임신 중 영양 섭취는 아기의 성장 발달에 직접적으로 영향을 미치기 때문에 평소보다 더 많은 영양 섭취를 해야 하는 것은 누구나 알고 있을 것이다. 칼슘 역시 마찬가지인데, 칼슘은 체내 흡수율이 매우 낮아 엄마의 몸속에 충분히 축적되어 있지 않으면 태아가 필요로 할 때 바로 공급하기 어렵다. 이러한 현상이 계속되면 임신부의 골밀도는 점점 낮아지고 골감소증이나 골다공증으로 이어질 수 있다.

갑상선 호르몬의 부족　　갑상선 호르몬은 산소 소모 및 체온을 조절하여 몸의 기초대사를 유지할 수 있도록 돕는 호르몬이다. 또한 심장의 박동수와 적혈구를 증가시키며, 골 대사를 자극해 골 형성과 골 흡수를 높이는 역할을 하기 때문에 태아에게는 성장과 발육에 꼭 필요한 기능을 가지며 엄마가 호르몬이 부족할 경우에 골다공증의 걸릴 확률이 높아진다.

 임신 중 골다공증의 예방

골다공증에 걸리면 약한 충격에도 골절이 일어나거나 척추뼈가 부러지는 척추압박골절이 발생할 수 있다. 한번 골절이 일어나면 다시 재발할 경우가 크고 완치 또한 어렵기 때문에 예방이 가장 좋은 방법이다.

고등어, 참치, 멸치, 치즈, 달걀 등 칼슘과 비타민 D가 풍부한 음식을 섭취하거나 약물로 부족한 부분을 채울 수 있다. 하지만 또 다른 좋은 방법은 햇볕을 자주 쬐며 태교워킹을 하는 것이다.

어떤 이들은 뼈가 약해져 있는 상황에서는 걷는 것보다 쉬는 것이 더 안전하다고 생각한다. 하지만 음식으로 아무리 영양분을 섭취한다고 해도 근육을 사용하지 않는다면 크게 도움이 되지 않는다. 또한 뼈는 사용할수록 강해지고 보충된다. 땅에 발을 디딜 때마다 뼈가 자극을 받아 골밀도를 유지시키고 증진시키기 때문이다.

골다공증을 예방하기 위해서는 태교워킹을 꾸준히 하는 것이 좋다. 다리가 아플수록 누워 있기보다 전문의와 상의하여 무리가 되지 않도록 천천히, 그리고 꾸준히 태교워킹을 하도록 한다.

20대 골다공증, 젊다고 안심할 수 없다

예전에는 골다공증에 잘 걸리는 사람이 폐경이 지난 여성이나 나이가 많은 남성 등 나이가 많은 사람들이었다. 하지만 요즘은 20대의 젊은 나이에 골다공증에 걸린 사람들을 심심찮게 볼 수 있게 되었다.

• 골다공증에 노출되기 쉬운 사람
- 폐경기 이후의 여성
- 나이가 많은 남성
- 조기 폐경되거나 난소를 제거한 여성
- 키가 작고 외소한 사람
- 흡연과 음주가 잦은 사람
- 가족력이 있는 사람
- 당뇨병이 있는 사람
- 칼슘 섭취가 부족한 사람
- 운동이 부족한 사람

• 20대 골다공증의 원인

운동 부족 편리하고 바쁜 현대생활로 운동이 부족한 20대가 많다. 운동 부족은 골다공증뿐만 아니라 다른 질병의 발병률을 높이고 있다.

술, 담배 인스턴트 커피 과다 복용 20대 여성이 술이나 담배, 커피 등을 가까이 하게 되면 골밀도가 최대치에 도달하지 못하게 된다.

무리한 다이어트로 인한 영양 불균형 무분별한 다이어트로 영양을 공급하지 못하면 그만큼 영양이 균형을 이루기 어렵다. 골밀도가 낮은 정도가 경미하다고해도 불균형한 식습관이 지속되면 골다공증에 걸릴 확률이 커진다.

불규칙한 생활과 잘못된 식습관 임신 전에 불규칙한 생활이나 올바르지 못한 식습관을 오래 유지했다면 골밀도 검사를 받아보고 꾸준한 운동으로 예방하는 것이 바람직하다.

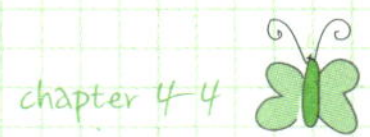

임신성 당뇨 환자의 태교워킹

　　임신성 당뇨는 일반 당뇨와는 차이가 있지만 가장 두드러지는 원인 중 하나가 비만이다. 임신이라는 이유로 운동이 부족해지고 먹고 싶은 음식을 많이 먹다 보니 임신 중 비만인 사람이 늘어나고 이에 따라 임신성 당뇨병에 걸릴 확률이 높아지기 때문이다.

　　임신성 당뇨는 비만뿐 아니라 태아에서 분비되는 호르몬에 의해 인슐린 저항성 즉, 혈당을 낮추는 인슐린의 기능이 떨어져 나타나기도 한다. 인슐린의 기능이 떨어지면 세포가 포도당을 효과적으로 연소하지 못하는데, 이때 정상 임신부는 인슐린 저항성을 이겨내기 위해 췌장에서 인슐린을 분비하지만 임신성 당뇨병이 있는 임신부는 인슐린 저항성을 이겨낼 만큼 인슐린 분비가 충분치 않게 된다.

또한 고혈압, 당뇨병 가족력, 거대아 출산력, 기형아 또는 사산아 출산력, 양수과다증 등과 같은 요인이 있다면 임신성 당뇨의 가능성이 증가한다. 35세 이상의 고령 임신부들은 더 높은 위험요인을 가지게 되므로 더욱 주의가 필요하다.

임신성 당뇨, 출산 후에도 위험

임신성 당뇨병이 위험한 것은 임신중독증을 동반해 고혈압, 단백뇨, 부종 등 다른 합병증으로 이어질 수 있다는 것이다. 또한 출산 후에도 당뇨병이 지속될 수 있다.

한 대학병원의 연구팀이 임신성 당뇨 판정을 받은 산모 381명에게 출산 후 당뇨 검사를 했다. 그 결과 전체 산모의 5%는 여전히 당뇨병을 가지고 있었고, 45%는 당뇨 바로 직전 상태임을 알 수 있었다. 임신성 당뇨를 가지고 있던 산모의 절반이 출산 후에도 당뇨가 사라지지 않았던 것이다.

태아는 괜찮을까

유미현 씨는 임신 26주째에 걱정 없이 임신성 당뇨 검사를 했다가 재검사를 해야 한다는 소리를 듣고 깜짝 놀랐다. 임신 후 살이 찌고 아기가 주수에 비해 크다고는 했지만 임신성 당뇨 가능성이 있을 거라고는 예상하지 못했기 때문이다.

유미현 씨가 재검사 판정을 받고 걱정이 되었던 것은 자신보다도 아기의 건강이었다. 임신성 당뇨를 앓게 되면 아기도 출산 후 당뇨에 걸릴 확률이 높아지기 때문에 자신이 잘 관리하지 못한 탓에 아기의 건강까지 해칠까 봐 미안한 마음에 어쩔 줄 몰랐다.

임신성 당뇨는 태아에게 다음과 같은 영향을 미친다.

거대아　　임신성 당뇨를 가진 산모의 아기는 4.5*kg* 이상의 거대아를 출산할 확률이 높아진다. 임신 시기의 고혈당이 태아의 성장을 촉진시키기 때문이다. 아기가 거대아일 경우 자연분만을 시도하면 위험할 수 있으므로 제왕절개로 출산하는 경우가 많다.

신생아 저혈당　　반대로 출산 직후 신생아가 저혈당에 빠질 가능성도 높아진다. 신생아 저혈당 증상은 창백해지거나 무호흡, 떨림 등의 증상으로 특히 저체중아일 경우에는 발달 장애의 위험성이 커진다.

신생아 황달　　신생아 황달은 많이 나타나는 현상이지만 임신부의 혈당 조절이 잘 되지 않았을 때 더 많이 나타난다. 대부분의 가벼운 황달은 며칠 뒤 사라지는 것이 일반적이지만 심하다면 빌리루빈 수치를 낮추는 치료를 받는다.

임신성 당뇨 예방법

임신성 당뇨는 합병증, 태아의 이상 등 그 결과가 심각하지만 예방법과 치료법은 간단하다. '식이요법과 적절한 운동, 혈당 체크' 세 가지만 잘 지킨다면 임신성 당뇨를 예방하고 치료할 수 있다.

식이요법 하루 세끼의 식사와 간식을 매일 일정한 시간대에 섭취하는 습관을 들이고 영양의 균형을 생각해서 여섯 가지 음식으로 균형 잡힌 식단을 구성하여 먹는다. 설탕, 시럽 등 당이 많이 들어간 음식의 섭취를 제한해야 한다. 짜고 매운 음식이 좋지 않으니 김치, 젓갈, 장아찌 등 염장 식품을 금하고 소금, 간장, 고추장 등 조리 시 들어가는 염분의 양도 줄여야 한다. 삼겹살이나 라면 같은 동물성 지방 및 콜레스테롤의 섭취량을 줄이고 채소, 해조류, 버섯 등 섬유소가 많이 함유된 식품 위주의 식단을 짠다.

운동 임신성 당뇨의 원인 중 하나가 임신 후 늘어나는 영양 섭취에 비해 현저히 떨어지는 운동량 때문이다. 일주일에 세 번, 20분 이상의 운동만 꾸준히 해도 당뇨병을 충분히 예방할 수 있다. 특히 태교 워킹은 근육 안의 당분을 소모하기 때문에 당뇨병에 아주 효과적이다. 당분이 소모되면 핏속에 있는 당분이 근육 속으로 빠르게 흡수되어 혈당 수치가 낮아진다. 실제로 의료 전문가들은 실험으로 걷기가 당뇨에 좋다는 것을 입증한 바 있다. 꾸준히 걷기운동을 한 환자들이

하지 않은 환자들에 비해 합병증 발병률이 40% 이상 낮아졌다는 결
과가 있다.

혈당 체크　　　혈당 체크 또한 중요한 요소 중 하나다. 혈당의 수치
에 따라 운동이나 음식에 대한 제한이 생길 수 있기 때문이다. 식사와
관계없이 혈당이 $80mg/dl$ 이하라면 혈당이 안정적인 수치로 될 때까
지 걷기운동을 쉬어야 한다. 이런 상태에서 걷기운동을 유지하면 저
혈당 증세로 쓰러질 수도 있다. 걷기운동을 하기에 가장 적당한 시간
은 식사 후 2시간 정도 지난, 혈당치가 가장 높아지는 때이다.

chapter 5

태교워킹으로
예쁜 몸매 만들기

산모가 지나치게 살이 찌면 그만큼 자궁이 좁아져 태아가 사는 공간이 줄어 난산과 조산의 원인이 될 수 있다. 가장 좋은 해결책은 자신의 몸 상태에 따라 무리가 되지 않는 속도로 걸으며 몸무게를 조절하는 것이다. 걷기는 많은 사람이 손꼽는 효과적인 체중 조절 방법이며 부작용이 없다는 데 그 가치가 있다.

임신부 체중 조절이
중요한 이유

주위에 임신한 분들을 보면 이따금 다이어트에 대해 불평 어린 말을 하기도 한다. 임신을 하면 편히 먹고 쉬기만 하면 되는 줄 알았더니 어떻게 임신 전보다 체중 관리가 더 중요하냐는 이야기다. 물론 다이어트라는 단어는 상상도 못할 정도로 임신부가 잘 먹고, 잘 쉬는 것을 최고로 여기던 시절도 있었다.

하지만 임신부가 적정 체중을 초과했을 때 나타나는 문제점들이 대두되면서 임신 중에도 몸무게를 체크하며 적절한 체중을 유지할 것을 권장하고 있다.

임신부가 비만일 때 문제점

산전에는 여러 가지를 진찰하며 태아와 엄마의 건강 상태를 살펴본다. 하지만 비만이 심한 임신부의 경우, 자궁고의 높이 측정 및 내진이 쉽지 않아 태아의 위치나 성장 정도, 또는 아기와 자궁의 크기 상태를 일반적인 진찰로는 판단하기 어려운 경우가 생긴다. 태아의 초음파를 찍을 때도 임신부 복부의 두터운 지방 조직 때문에 좋은 영상을 얻지 못하기도 한다. 임신부가 비만일 때 발생하는 문제는 이뿐만이 아니다.

합병증의 원인이 된다 임신부는 고혈압, 당뇨병, 방광염, 요로감염 등의 다양한 합병증에 노출되기 쉽다. 특히 고혈압과 임신성 당뇨가 쉽게 발생된다. 임신 중에는 임신 전보다 혈압이 상승하는데, 비만인 임신부는 정상 체중의 임신부보다 임신성 고혈압이 4배, 임신성 당뇨병이 6배가량 더 발생하는 것으로 알려져 주의가 필요하다.

임신 중 검사에 불편하다 임신 전에도 비만에 가까운 몸매에서 임신 후 20kg 이상의 체중이 불어난 이민아 씨는 예정일이 다가올수록 불안감이 커졌다. 마지막 달에는 일주일에 한 번씩 병원에서 정기 검진을 받고 있지만 특별한 문제는 없으나 태아의 상태를 자세히 알 수 없었기 때문이었다.

    이대목동병원 산부인과 김영주 교수팀은
비만인 여성이 특정 유전자 형태를 가지면 조산 위험이 최고 6.1배나
높아진다고 밝혔다. 임신 24~28주인 임신부들의 유전자 검사를 통
해 체질량지수(BMI)가 30 이상인 비만 임신부가 QQ형과 QR이라는
특정 유전자를 가지게 될 경우 조산의 위험도가 정상인에 비해 각각
6.19배, 4.41배 높아지는 것으로 나타났다. 조산아의 경우 몸의 발달
이 느리거나 선천적으로 장애를 가질 수 있으므로 아기를 위해 산모
의 체중 조절 노력이 필요하다.

    임신부 비만은 분만 시 두터운 골반의 연조
직이 분만을 어렵게 만들고, 태아도 거대아일 가능성이 높아 임신부
는 물론 태아도 위험할 수 있다. 따라서 제왕절개를 선택하게 되는데,
심각한 비만일 경우에는 수술을 하더라도 마취 자체의 위험성이 따르
기도 한다. 또한 많은 모체의 지방조직 때문에 태아나 태반의 만출이
쉽지 않고 수술 시야 확보의 어려움과 창상 봉합 시간도 오래 걸릴 수
있다.

 임신부 체중, 얼마나 찌워야 할까?

  임신부의 체중 증가는 임신부와 태아의 건강을 살필 수 있는 중요
한 지표가 된다. 그렇다면 임신 중 체중이 얼마나 증가해야 적당한 것

일까? 개인마다 체중 증가의 시기, 증가 정도는 다르지만 임신 전 체중을 기준으로 산출한 체질량지수(BMI)를 통해 적당한 체중 증가량을 유지한 것이 좋다.

체질량지수(BMI)란 키와 몸무게를 가지고 지방의 양을 추산하는 비만 측정법으로 비만 판정 기준으로 삼는다.

올바른 체중 관리도 임신부가 관리해야 할 하나의 숙제이다. 아래 표를 참고하여 먼저 임신 전 자신의 BMI를 계산해보고 권장 체중을 목표로 체중 관리를 해보자. 임신부의 건강은 물론, 태아도 건강하게 순산할 수 있는 밑거름이 될 것이다.

BMI 계산법

BMI=체중(kg)÷신장(m)÷신장(m)

예) 키 160cm, 몸무게 53kg일 경우 BMI는 20.7이 된다.

$$53÷1.6÷1.6=20.7$$

일반인 기준의 BMI 분류

BMI	분류
18.5 미만	저체중
18.5~22.9	정상
23~24.9	과체중
25~29.9	비만
30 이상	고도 비만

임신 중 권장 체중 증가량

임신 전 BMI	임신 중 권장 체중 증가량(kg)
18.5~24.9(정상, 과체중)	11.3~15.9
25~29.9(비만)	6.8~11.3
30 이상(고도 비만)	5.0~9.1

 태교워킹 : 사랑하는 아기를 위한 하루 20분 태교

걸어서 살 빼는
건강한 다이어트워킹

임신부 이은숙 씨는 먹고 싶은 것을 다 먹는 것이 잘못됐다는 사실을 몰랐다. 초기에 입덧으로 고생한 터라 입덧이 끝난 후 그동안 먹지 못한 음식을 챙겨 먹었는데, 예상치 못하게 살이 많이 찐 것이다. '임신부니까……' 하는 마음으로 살이 찌는 것은 당연하다고 생각했다. 하지만 체중계에 올라갈 때마다 늘어가는 몸무게를 보고 나서야 심각성을 느꼈다. 병원에서도 담당 의사에게 주의를 당부하는 말을 자주 들어야 했다.

누군가는 '임신부이니까 살이 좀 찔 수도 있지'라고 가볍게 넘길 수 있겠지만, 임신 비만이 초래하는 병은 생각보다 심각할뿐더러 태아에게도 고스란히 문제가 이어진다.

산모가 지나치게 살이 찌면 그만큼 자궁이 좁아져 태아가 살고 있는 공간도 줄어 난산과 조산의 원인이 된다. 또 외국에서 실시한 연구에 의하면 비만인 산모로부터 태어난 아기가 정상 체중의 산모에게서 태어난 아기보다 지능 지수가 5점 정도가 낮은 것을 알 수 있다.

게다가 성장 과정에서 식이장애를 겪을 확률도 높아진다. 임신 중 엄마가 과도하게 지방을 섭취했다면 그 아이는 커가면서 당뇨병에 걸릴 가능성이 높아지기 때문에 임신 중 무조건 많은 양을 먹기보다 균형 잡힌 영양소를 적절하게 섭취하려는 노력이 필요하다.

또 비만은 꼭 음식 섭취에만 영향을 받는 것이 아니다. 먹은 후 적절한 운동을 한다면 충분히 비만을 예방할 수 있다. 성인 여자를 기준으로 예를 든다면, 하루 섭취 권장 칼로리는 약 2100*kcal*이며, 일상생활이나 몸의 신진대사로 약 1800*kcal*가 소모된다. 남은 300*kcal*는 운동으로 소비해야 한다. 그렇지 않으면 그것이 그대로 몸 안에 쌓여 체지방으로 남게 되고 비만의 원인이 되는 것이다.

임신 7개월에 이미 12*kg*의 체중이 불어난 은숙 씨는 의사의 조언을 듣고 체중 관리에 들어가기로 했다. 영양분이 부족하지 않도록 하루 세끼를 챙겨 먹으며 걷기운동부터 해보라는 조언에 따라 아침에 남편이 출근할 때 함께 나와 걷기운동을 했다.

처음에는 조급한 마음에 '걷기운동으로 무슨 살이 빠질까?'라며 의문을 품긴 했지만 아파트를 돌고 나니 상쾌한 기분에 몸이 가벼워진 것 같은 느낌이 들었다.

일주일에 3회, 30분씩 걷고 2주 뒤 병원을 다시 방문해 체중계에
올랐을 때 큰 차이는 아니었지만 줄어든 몸무게를 보고 스스로 자랑
스러웠다. 그리고 조금씩 운동량을 늘리기 시작했다. 걷기운동으로
몸을 가볍게 하니 음식을 먹을 때도 부담이 덜했다. 두 달 동안 그녀
는 몸무게를 유지하며 서서히 정상 체중으로 돌아가고 있었다.

걷기운동이 건강하고 효과적으로 다이어트를 하는 데 좋은 운동으
로 각광받고 있지만 어떤 원리로 살이 빠지는지에 대해 잘 아는 사람
은 드물다. 하지만 그 원리를 알아야 효과적으로 살을 빼는 데 도움이
될 것이다. 보통 다이어트를 할 때 사람들은 지방을 빼기 위해 운동을
한다. 하지만 걷기운동은 처음 걷기 시작할 때의 에너지원은 지방세
포가 아닌 핏속의 포도당이 에너지원이 된다. 지방세포가 에너지원으
로 바뀌는 시기는 걷기 시작하고 약 15~20분 후이다. 게다가 운동을
규칙적으로 하게 되면 지방세포에서 에너지원을 뽑아 쓰는 효소의 활
동력이 높아져 그만큼 지방세포가 에너지원으로 바뀌는 시간도 짧아
진다. 그러므로 무작정 걷기운동을 시작하기보다는 일정한 시간을 지
켜 규칙적으로 꾸준히 걷는 것이 중요하다.

또한 자신의 몸 상태를 체크하며 무리가 되지 않는 속도와 시간을
지키도록 한다. 가끔 빨리 살을 빼고 싶은 욕심에 발동작을 크게 하거
나 다리에 힘을 주어 땅을 박차며 걷는 사람들이 있지만, 무리한 걷기
운동은 빨리 피로하게 만들어 몸이 먼저 지치고 만다. 특히 임신부는

일반 사람들보다 몇 배의 충격이 더해져 무릎관절에 통증이나 부상을 입을 수 있고 뱃속 아기에게도 위험할 수 있으니 더 주의해야 한다.

걷기가 다이어트에 효과적인 이유

임신부에게 다이어트 운동으로 걷기가 좋은 이유는 먼저 부작용이 거의 없고 안전하기 때문이다. 별다른 장치 없이 꾸준히 걷기만 하면 된다.

무엇보다 체지방을 줄이는 데 효과가 있다. 체지방은 몸속에 쌓인 지방으로, 몸무게가 비슷한 두 여성이 몸집에서 차이가 나는 것은 체지방량이 다르기 때문이다. 몸집이 큰 사람은 체지방의 비중이 높아 몸무게에 비해 몸집이 더 크게 보이고 몸집이 작은 사람은 체지방 대신 근육이나 뼈, 장기의 비중이 더 높은 것이다.

체지방이 더 많다는 것은 건강에 해로울 뿐만 아니라 비만이 되는 큰 원인이기 때문에 다이어트에 성공하기 위해서는 체지방을 빼는 것이 중요하다. 체지방 1kg은 크기로는 멜론 한 통 정도이고, 칼로리로 말하면 개인의 체질, 운동량에 따라 차이가 있긴 하지만 약 7700$kcal$에 해당한다. 이것을 밥으로 따지자면 24그릇 정도에 해당하는 많은 양이다.

하지만 반대로 생각하면 체지방은 무게에 비해 부피가 큰 편이기 때문에 다이어트를 할 때 상대적으로 적은 양을 줄이고 더 날씬한 몸매를 얻을 수 있게 된다. 여기서 중요한 건, 올바른 다이어트를 해야한다는 것이다. 가끔 다이어트를 해서 체중을 줄이는 데는 성공했지만 겉으로는 티가 안 나서 아무도 몰라보는 경우가 있다. 이런 경우는 체지방을 뺀 것이 아니라 수분이나 근육 등 몸에 필요한 요소들이 빠진 것이기 때문에 올바른 다이어트라 할 수 없다.

체지방을 분해하는 데 효과적인 운동이 바로 걷기운동이다. 한 연구팀의 실험 결과를 보면 더 이해하기 쉬울 것이다.

미국의 폴락 연구팀은 뛰기, 자전거타기, 걷기, 아무것도 안 하기 이네 가지 행동으로 체지방 분해에 대한 실험을 했다. 하루에 1회 30분씩, 주 3회, 총 20주 동안 걸쳐서 실시했는데, 그 결과 걸었을 때 체지방률이 13.4% 감소한 반면, 뛰기는 6.0%, 자전거 타기는 5.7%, 아무것도 안 하기는 0.5%로 나타나 걷기가 체지방을 감소시키는 데 가장 효과적임을 알 수 있었다.

일반적로는 걷기운동보다 뛰거나 줄넘기 같이 격렬하면서도 땀이 많이 나는 운동이 시간을 더 단축할 수 있고 운동량을 늘릴 수 있을 것이라 생각하지만 운동 강도가 체지방 감소로 이어지는 것은 아니다. 운동 강도가 약간 힘들다고 느낄 때가 지방을 가장 많이 태우는 분기점이다. 빠르게 걸을 때 지방과 탄수화물이 소비되는 비율은 50대 50이지만, 달리면 그 비율이 30대 70으로 지방을 태우는 데는 부족하다. 즉 30분 이상 오래 걸어야 체지방 감소 효과가 크다는 것이다.

걷기운동으로 효과적인 다이어트법

서서히 습관 들이기　임신부는 몸이 자꾸 불기 때문에 마음이 조급해질 수 있다. 하지만 태교워킹의 효과는 천천히 나타나므로 조급해서는 안 된다. 처음에는 눈에 띄는 결과가 없을 수 있지만 지방이 연소되고 있으니 이왕 태교워킹을 시작했다면 습관을 들이는 것이 중요하다.

조금씩 시간 늘리기　다이어트 목적으로 태교워킹을 할 경우 기억해야 할 것은 30분 이상 꾸준히 걸어야 지방 연소 효과를 확실히 볼 수 있다는 점이다. 하지만 처음부터 무리해서는 안 되고 특히 임신부의 경우 더 조심해야 한다. 처음 한 주는 천천히 20분 정도 걷고 그 후 자신의 상태를 확인하며 2, 3주 지난 후에는 10~20분 정도 더 늘려나간다. 중요한 것은 꾸준히 시간을 유지하는 것으로 몸에 무리가 되지 않을 정도로 유지하며 습관으로 익히는 것이다.

점차 속도 높이기　다이어트를 하기 위해서는 좀 더 속도를 높이는 것이 칼로리 소모량을 늘려주기 때문에 더 효과적이다. 일반인으로 치면 시속 6~7㎞ 정도로 걷는 파워워킹이 효과적이지만 임신부는 평소 걷기보다 조금 더 숨이 차는 느낌으로 걷도록 한다. 이것도 역시 임신 초기부터 걷기운동을 해왔을 경우 가능하다. 하지만 늦게 시작했더라도 조급하게 생각하지 말고 몇 주 걸어보고 그 속도가 익숙해졌을 때 조금씩 속도를 높이면 된다. 다만 몸이 무거워져 힘이 들 경우는 처음부터 무리하지 말고 10분씩 나눠서 운동하는 것도 좋은 방법이다.

출산 후 아름다운 몸매를 위한 실천

출산 후 산모들이 가장 스트레스를 많이 받는 것 중 하나가 바로 잃어버린 몸매다. 출산 후의 스트레스는 아이에게 큰 영향을 주지 않는다고 대수롭지 않게 생각하지만 그것은 착각이다. 모유 수유를 하면서 받은 스트레스나 우울한 생각들은 고스란히 아기에게 전달된다. 그래서 출산 후에도 스트레스의 요인을 빨리 없애는 것이 현명하다.

 ## 산모의 가장 큰 스트레스, 산후 비만

보통 임신 중 권장하는 체중 증가 정도는, 출산 직전까지 11~14kg

이다. 이 이상의 몸무게는 건강을 위협하는 지방이다. 그러므로 태아에게 좋다는 생각으로 무조건 많이 먹는 것은 바람직하지 못하다. 태아에게는 물론, 출산 후에도 악영향을 미칠 수 있다.

만약 평균적으로 권장하는 몸무게만큼만 늘었다면, 출산 후 한 달 반 정도가 지났을 때 7~8kg 정도가 빠지고 평균 3~5kg 정도가 남는데 출산 3개월 후 임신 전 본인의 체중보다 3kg 이상 늘어났다면 '산후 비만'이라고 한다. 이렇게 남은 체중을 다시 방치한 채로 6개월이 지나면 그때는 자신의 살이 될 가능성이 높다.

출산 후 돌아오지 않는 몸매 때문에 스트레스를 받는다면, 출산 전처럼 걷기운동을 해보자. 산모의 경우 걷기운동은 달리기보다 체지방을 줄이는 데 효과적이며 몸에 무리를 주지 않기 때문에 적합하다.

산모의 걷기운동 시작 시기는 출산 후 1개월 반에서 3개월 사이가 적당하다. 자궁이 정상 크기로 돌아오고 출혈이 완전히 멈춘 뒤 운동을 해야 몸에 무리가 가지 않고 부작용도 없기 때문이다.

임신 중 태교워킹을 실시한 산모는 기존대로 워킹을 실시하면 되고 운동을 잘 하지 않았던 산모는 주 3회씩 하루 20분 정도 걸어 체력을 확보해야 한다.

또한 러닝머신, 달리기, 줄넘기, 수영 등은 출산 후 6개월이 지나기 전까지는 절대 금물이다. 따라서 6개월이 지난 후 다양한 운동을 시도하고 싶다면 그 전에 걷기운동으로 체력을 비축해놓도록 한다.

출산 후 아름다운 몸매를 위한 실천

아기가 태어나면 아기를 돌보느라 운동하기가 쉽지 않다. 이럴 때는 스트레칭을 하거나 제자리 걷기운동 등 집안에서 할 수 있는 방법으로 아름다운 몸매를 지켜보자.

다음은 출산 후 아름다운 몸매를 위한 실천 방법이다.

몸 상태 체크　　출산 후에는 이전에 없었던 변비나 부종, 빈혈, 무기력증 등의 증세가 나타나기도 한다. 먼저 운동에 영향을 미치는 증세가 있는지, 증세의 원인이 무엇인지 치료부터 하고 다이어트를 시작한다. 건강 상태를 무시하고 운동을 시작한다면 살이 빠지기는 커녕 오히려 몸 상태를 악화시킬 수 있기 때문에 조심하도록 한다.

스트레스 해소　　스트레스가 쌓이면 간 기능이 둔화되고 신진대사가 원활하지 않아 칼로리 소모량이 떨어져 산후 비만을 부를 수 있다. 스트레스를 받지 않는 것이 가장 좋지만, 스트레스를 받았다면 스트레스로 인해 뭉친 근육을 마사지로 풀어주고 신진대사를 원활히 해준다.

음식 조절　　산후에는 몸에 좋은 음식을 먹기 위해 곰국이나 설렁탕, 고기반찬 등을 많이 먹는데, 몸에는 좋을지 모르나 고칼로리 식품은 쉽게 살을 찌게 만든다. 반면, 현미잡곡밥과 미역국은 영양도 풍부할 뿐만 아니라 산후 다이어트에 효과적이다. 미역국은 고기보다 조개류, 멸치로 국물을 우려내고, 밀가루 등 탄수화물 섭취량을 줄이도록 한다. 잡곡류와 섬유질이 많은 음식을 적당히 섭취하며 과일 등 간식은 식후보다 식전에 먹는 것이 효과적이다.

바른 자세　　보통 산모들은 고무줄이 늘어나는 편한 바지, 모유 수유를 빠르게 할 수 있는 수유 티 등 헐렁한 옷을 많이 입는다. 편안한 옷도 좋지만 그러한 옷을 입고 허리를 구부정하게 다닌다면 등이 굽고 뱃살이 처지게 된다. 이 점을 의식하여 배에 힘을 빼고 걸어야 장의 움직임이 좋아지고 복부지방이 빠르게 없어진다. 또 허리는 곧게 하여 바른 자세를 유지하도록 한다. 바른 자세를 유지하려고 애쓰면 자연스럽게 산후 다이어트가 되면서 자세도 교정되어 아름다운 몸매를 만들 수 있다.

모유 수유　　가슴의 모양이 망가질 거라고 생각하여 모유 수유를 하지 않는 사람들이 있다. 하지만 모유 수유는 산후 다이어트에 큰 도움이 된다. 그뿐만 아니라 아기의 면역력을 키워주고 엄마에게는 유방암과 우울증도 예방해주기 때문에 엄마와 아기의 건강을 위해 모유 수유를 실천하자.

산후조리가 우선　　날씬한 몸매에 대한 욕심 때문에 중요한 것을 잊는 경우가 많다. 산모에게 가장 중요한 것은 사실 산후조리다. 산후

조리가 제대로 되었을 때 운동도 시작할 수 있다. 출산을 하고 나면 이전 몸매가 될 것이라는 기대를 했다가 실망하여 급하게 운동을 시작한다면 탈이 날 수 있다. 조급하게 생각하기보다 차분한 마음으로 산후조리 후 근력 운동과 식이조절을 병행하면 산후 다이어트에 성공할 것이다.

더 알아보기

임신부의 최대 고민 튼살, 걱정 뚝!

임신 기간 동안 피부는 강한 호르몬의 변화로 인해 피부의 외피가 영향을 받게 된다. 그리하여 피부가 트거나, 늘어지며, 건조한 흔적이 남게 된다. 임신 중 곳곳에 생긴 튼살은 한 번 생기면 사라지지 않기 때문에 출산 후에도 이로 인해 스트레스를 받는 엄마들이 많다.

튼살은 임신부의 70~80% 이상이 경험하는데 배는 물론 겨드랑이, 가슴, 허벅지 등 살이 부드러운 곳에 많이 나타난다. 이를 예방하기 위해서 매일 일정한 시간 마사지를 해주고 수분을 많이 보충해줘야 하며, 급격히 살이 찌지 않도록 주의해야 한다. 하지만 이런 방법으로는 부족하여 임신부 전용 스킨케어 제품(일명 튼살크림)을 많이 사용하고 있다.

특히 임신부 필수 아이템으로 자리잡은 '프라이웰'의 임신부 마사지 오일은 순수 천연 식물성 원료를 사용해 피부 자극과 트러블을 최소화했으며, 수분과 영양을 공급해 건조함을 방지하고 피부 탄력 요소의 파괴를 막아 튼살 관리를 체계적으로 할 수 있는 제품이다.

마사지 오일은 임신부의 피부 관리와 튼살 예방에 효과적이며 플레게오일은 임신으로 인한 피부손상(튼살)에 개선 효과가 뛰어나다.

자료제공 : 프라이웰(www.frei.co.kr)

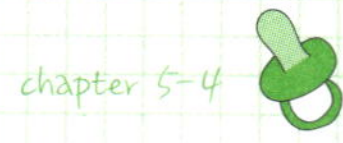

출산 후 젊어지는
걷기운동

디자인 회사에 다니고 있는 33세의 서연희 씨는 두 살 된 딸을 키우고 있는 주부다. 하지만 그녀가 주부라는 사실을 말하면 사람들은 모두 놀란다. 항상 밝은 미소와 탄력 있는 피부와 몸매, 그리고 일에 대한 열정과 추진력까지 갖추고 있었기에 아이를 키우는 주부라고 소개하면 사람들이 아무도 믿지 않았다.

그녀도 임신과 출산을 겪을 때는 여느 임신부들과 다를 바가 없었다. 탄력을 잃어버린 힙과 가슴, 푸석푸석한 피부와 머릿결, 하루가 다르게 망가져가는 모습에 기운이 빠지기도 했지만 회사에 복귀하기 전까지 예전의 모습을 찾고 싶었고 노력한 결과, 이전보다 더 예쁘고 젊어진 모습으로 복귀할 수 있었다.

결혼 전보다 더 젊게 보이는 비결은 바로 걷기운동. 다른 사람들에게 이 얘기를 했을 때 누군가는 '다른 것도 있겠지'라고 말하였지만 그녀는 걷기운동만으로 모든 것을 되찾을 수 있었다.

그녀를 젊게 하는 태교워킹의 비밀

체지방의 분해　　진짜 다이어트는 겉보기에 날씬한 것보다 속을 날씬하게 만드는 것이다. 음식으로 영양분을 보충하면서 체지방 분해에 효과적인 태교워킹을 택해 매일 30분 이상을 걷자. 그 결과 피부의 탄력을 살리면서 몸 속 체지방을 분해해 출산 후 날씬한 몸매를 만들 수 있을 것이다.

가슴과 힙이 돋보이는 S라인　　사실 임신으로 가장 많이 변하는 것은 몸매이다. 특히 탄력을 잃은 가슴과 힙 때문에 고민하는 여성들이 많다. 하지만 태교워킹으로 해결할 수 있다. 앞서 태교워킹은 세로토닌을 분비시킨다고 설명했는데 이 호르몬은 기분 전환에도 도움이 되지만 처지는 근육을 막는 효과도 있다. 신체를 받치고 있는 근육을 튼튼하게 해 쉽게 처지는 부분인 가슴이나 힙에 탄력을 만들어준다.

제2의 뇌, 손을 사용하라　　'양손잡이는 똑똑하다' 혹은 '똑똑해지려면 손을 많이 사용하라'는 말을 들어보았을 것이다. 손은 '제2의 뇌'라고 불릴 만큼 뇌를 젊게 해주는데, 활발한 손가락 운동은 치매 예방에도 효과가 있다. 손을 많이 움직이면 신경세포가 자극을 받아 신경세포 사이를 연결하는 시냅스가 점차 두꺼워져 뇌 기능을 발달시키기 때문이다.

매끄러운 피부와 머릿결　　태교워킹을 하면 베타 엔도르핀이라는 호르몬이 나오게 된다. 이 호르몬은 피부의 신진대사를 도울 뿐만 아니라 여성 호르몬을 분비시켜 피부의 노화를 막고 머릿결에도 윤기와 탄력을 선물한다.

chapter 6

걸으면서 다스리는 정신 건강

임신부는 다양한 이유로 스트레스를 많이 받게 된다. 이때 태교워킹을 꾸준히 실시하면 우울증, 불면증 등이 해소되어 임신부의 정신 건강에 도움이 된다. 일정한 속도로 걷기를 계속하면 뇌에서 기분 전환에 도움이 되는 베타 엔도르핀과 도파민이라는 호르몬이 나오기 때문이다. 임신 스트레스, 태교워킹으로 날려보자.

걸으면서 하는 명상태교,
무엇이 좋을까?

흔히 명상이라고 하면 큰 깨달음을 얻기 위해 하는 것으로 무거운 이미지를 많이 떠올리기 마련이다. 하지만 명상은 그리 어려운 것도, 무거운 것도 아니다. 그저 자연스럽게 호흡을 들이마셨다 내쉬면서 잡념을 날려버리는 것이다.

사전적인 의미로만 봤을 때는 눈을 감고(冥) 생각하는 것(想)을 의미하지만 이것만으로는 명상의 뜻을 설명하기에 충분하지 않다. 고요히 앉아 마음을 가라앉히고 지혜로운 눈으로 자신의 내면을 찾아보는 일이라 말할 수 있다. 하지만 명상은 가만히 있을 때만 가능한 것은 아니다. 몸의 움직임을 통해 자연스럽게 지혜를 얻는 방법인 '운동명상'도 있다. 이는 몸을 움직이는 데 관여하는 인체의 신경계, 내분비

계의 협응 과정이 대뇌에 작용한 결과 일어나는 마음의 변화를 활용한다.

운동명상을 통해 마음의 평정뿐만 아니라 스트레스 해소, 복잡한 문제의 해결 등의 효과를 얻을 수 있다.

일상생활에서의 명상은 몸과 마음을 편안한 상태로 만들어준다. 특히 임신부에게 명상이 좋은 점은 임신부의 긴장을 풀어주고 스트레스 및 우울증에서 벗어날 수 있다는 점이다.

산모가 느끼는 정서적인 안정감은 태아에게 그대로 전달된다. 만약 스트레스를 자주 받는다면 그만큼 태아의 두뇌와 신체 발달에도 좋지 않은 영향을 미치기 때문에 산모부터 마음의 안정을 찾는 것이 좋다.

또한 아침에 명상을 하게 되면 장의 움직임이 활발해지고 몸속에 있는 가스가 배출되어 배변에도 도움이 된다. 임신 기간 동안 철분제를 복용하면서 변비로 고생하는 산모가 많은데 아침 걷기명상이 도움이 될 것이다. 태교워킹과 함께 명상을 통해 태아와 산모의 몸과 마음을 건강하게 하자.

명상걷기 방법

생각을 가라앉히고 마음을 편안하게 한 상태에서 시작한다. 걸을 때는 복식호흡을 하고 시선은 $15m$ 전방을 바라보고 팔은 앞뒤로 자연스럽게 흔든다.

자신의 움직임을 알아차린다   처음에 걷다 보면 다른 생각에 빠지기 쉬운데 그럴 때는 자신의 움직임을 의식한다. 예를 들어, 오른발이 나서고 있다면 마음속으로 '오른발'이라고 말하고, 호흡이 흐트러지고 있다면 '호흡'이라고 말하며 자신의 상태를 체크해보는 방법이다.

소리에 집중해보자   자세와 마음이 편안해졌다면 귀를 열어보자. 그동안 시끄러운 생활 속에서 듣지 못했던 소리가 들려올 것이다. 나뭇잎이 바람에 스치는 소리, 맑은 새소리, 천진난만한 아이의 웃음소리 등은 태아가 심리적인 안정감을 느끼는 데 도움이 될 것이다. 또한 자동차 소리나 시끄러운 소음 등은 태아에게도 좋지 않으니 조용한 곳을 선택하는 것이 바람직하다.

상상해보자   누구나 좋아하는 청명한 하늘이나 넓은 바다, 푸른 산 등 아름답고 기분이 좋아지는 이미지를 상상해보자. 예를 들어, 드넓은 바다를 상상하며 깊은 호흡을 하면 마음이 가라앉고 가슴 속에 자리 잡은 스트레스를 날릴 수 있다. 이때 양손으로 배를 따스하게 감싸 뱃속의 아기가 엄마의 마음을 느낄 수 있도록 한다.

미소를 지어보자   무뚝뚝한 표정으로 걷기보다 즐거운 상상에 맞게 미소를 띠며 천천히, 편안하게 걸어보자. 작은 미소만으로도 마음이 편안해지고 발걸음 하나하나가 안정된 것이 느껴질 것이다. 이렇게 기분 좋은 명상을 하다 보면 하루에 20분씩 걷던 것을 점차 늘려갈 수 있을 것이다.

복식호흡 연습하기

가슴으로 하는 호흡은 흉식호흡, 아랫배를 이용하는 호흡은 복식호흡이라고 한다. 일본의 의학자 노구치 히데요는 "체내에 산소가 부족하면 만병의 원인이 된다"고 역설하였으며 독일의 유명 의학자 오토 월드는 "암이나 심장병과 같은 질병은 세포 내 산소 부족 때문에 생긴다"고 주장하였다. 이처럼 체내에 충분한 산소를 확보해주는 복식호흡은 일반인의 건강뿐만 아니라 태아를 건강하게 하고 산모의 순산을 돕기 때문에 미리 연습하며 실천하는 것이 좋다.

다음 복식호흡 방법을 익히다 보면 걷기는 물론, 요가 등 다른 운동할 때 활용할 수 있을 것이다.

1. 방석이나 쿠션 등을 깔고 양반다리나 가부좌 자세를 취한다.
2. 손은 양쪽 무릎 위에 가지런히 올린다.
3. 천천히 코로 깊게 숨을 들이마시면서 공기가 아랫배까지 도착하도록 한다. 이때 배를 내밀면서 코로 천천히 들이마셨다가 3~5초 정도 잠시 정지한다.
4. 천천히 배를 집어넣으면서 숨을 내쉰다.
5. 복식호흡은 천천히 부드럽게, 하루에 5분씩 실시한다.

자연 속에서 날려버리는 임신 스트레스

임신 6개월 차에 접어든 이은주 씨는 임신부 답지 않게 식욕도 돋지 않고 기분도 자주 우울하다. 점점 불러오는 배를 보며 심란하기도 하고 다리가 저려서 잠도 못 이루는 날이 길어지자 임신에 대한 즐거움보다 우울함이 더 커졌다. 게다가 남편도 바쁜 회사일 때문에 자신을 잘 돌봐주지 못했기 때문에 은주 씨의 우울함은 더 커질 수밖에 없었다.

그런 은주 씨의 모습을 안쓰럽게 보던 2년 차 주부인 김해진 씨는 은주 씨에게 같이 아침 운동을 하자고 제안했다. 해진 씨는 5세와 3세의 아이가 있던 터라 임신 중 겪게 되는 우울함에 대해 잘 알고 있었기 때문이었다.

은주 씨는 내키지는 않았지만 친한 해진 씨의 권유라 거절하기 난감해서 며칠만 해볼 마음으로 해진 씨를 따라 산책하기 시작했다.

산책을 계속 하며 하루는 돌아오는 길에는 남편에게 해줄 맛있는 저녁거리를 사고 기분 좋은 얼굴로 남편을 맞이하기도 했다. 은주 씨 부부는 오랜만에 얼굴을 맞대고 앞으로 태어날 아이의 이야기를 하며 기분 좋은 저녁 시간을 보내기도 했다.

임신을 하게 되면 바쁜 생활을 했던 임신 전과 달리 집에 혼자 있는 경우가 많아 더 우울한 기분이 들기 마련이다. 은주 씨가 해진 씨를 통해 만나게 된 자연은 일상의 변화를 주었다. 또 임신 중 찾아오는 스트레스와 우울증도 날릴 수 있었다.

바쁜 현대사회에서 우울증은 익숙한 질환이 되었다. 특히 임신부는 호르몬의 분비, 몸의 갑작스러운 변화로 인해 평소 밝던 사람도 쉽게 우울한 기분에 잠기게 된다. 그러나 우울증은 임신부와 태아의 정서 발달에 부정적인 영향을 미친다. 집에 혼자 있는 경우 더 우울한 기분이 들기 마련인데 이럴 때 일상의 작은 변화를 주어 우울증을 해결하려는 노력이 필요하다.

특히 걷기운동은 우울증, 불면증 등을 해소시켜 정신 건강에 좋다는 연구 결과가 있다. 영국 스털링대학교 로마 로버트소나 교수의 연구에 따르면, 왕성하고 격렬한 운동보다 단순히 걷는 것만으로도 우울증을 예방할 수 있다고 한다. 일정한 속도로 20여 분 동안 걷기운동을 계속하면 뇌에서 기분 전환에 도움이 되는 베타 엔도르핀과 도

파민이라는 호르몬이 나오기 때문이다.

이런 호르몬은 뇌세포를 건강하게 만들고 스트레스를 이겨내는 데 도움을 준다. 또한 여러 작용으로 인해 받는 통증을 줄여주는 엔도르핀도 방출시켜주기 때문에 자연스럽게 기분을 좋게 만들고 우울증을 해소시킬 수 있다. 또 40분이 지나면 긴장을 풀어주는 세로토닌 호르몬도 분비되어 정신 건강에 효과적이다.

또한 운동과 우울증의 관계에 대해 연구하고 있는 영국 엑스터대학교의 아드리안 테일러 교수는 "누구나 할 수 있는 큰 강점을 가진 걷기운동은 우울증 등 정신 건강에 이롭다"고 뒷받침했다. 테일러 교수는 운동을 하면 걱정이 가득한 마음을 딴 데로 돌릴 수 있게 도와주고 기분 좋은 호르몬이 분출되기 때문이라고 설명했다.

일본 의과대학과 일본 삼림총합연구소의 공동연구에 따르면 삼림욕을 할 때 암을 예방하고 면역력을 길러준다고 한다. 이것은 암세포를 억제하고 면역력을 높여주는 NH 세포가 활성화되기 때문이다.

이렇게 자연은 갖가지 질병을 치유하거나 예방할 수 있으며 면역력을 높여주는 힘이 있기 때문에 스트레스를 줄이는 데도 효과적인 것이다.

서울백병원 신경정신과 김원 교수 연구팀은 우울증 환자를 세 그룹으로 나눠 같은 치료 프로그램을 환경만 바꿔 실험해보았다. 세 그룹은 각각 숲 속 치료, 입원 치료, 외래 진료 치료를 받았으며 주 1회 3시간씩 4주 동안 진행됐다.

그 결과 우울증 척도 점수가 숲 그룹은 15.68점에서 8.4점으로, 입원 그룹은 15.79점에서 11.58로, 외래 그룹은 16.9점에서 14.81점으로 떨어진 것을 확인할 수 있었다. 점수가 7점 밑으로 떨어지면 우울증을 완치했다는 판정을 받게 되는데 숲 그룹의 경우 61%가 이 수준에 도달해 완치율이 꽤 높았던 반면, 입원 그룹에서는 21%, 외래 그룹은 5% 정도로 숲 그룹이 12배의 효과가 뛰어남을 알 수 있었다.

이 결과는 같은 치료라도 환경의 영향이 얼마나 중요한지를 보여주며, 숲이 우울증 환자의 증상을 호전시키며 생리적 균형도 증진한다는 것을 알 수 있다.

이처럼 자연으로부터 우울증을 치료할 수 있는 효과는 피톤치드, 음이온, 산소 등 흡입물질과 경관, 소리, 햇빛 등 다양한 요소의 종합적인 기능에 의한 것이다. 특히 편백나무, 구상나무, 전나무 등에서 뿜어지는 건강 물질인 피톤치드는 주성분이 테르펜으로, 이를 흡입하면 몸과 마음이 상쾌해지고 피로 회복에 도움이 될 뿐만 아니라 스트레스를 낮추는 효과가 있다. 음이온은 뇌파의 알파파를 증가시켜 마음에 안정을 주며 혈압강하, 피로회복에도 좋다. 산소는 신진대사와 뇌 활동을 촉진한다.

맑고 아름다운 자연은 보는 것만으로도 안정을 준다. 녹색이 눈을 편안하게 한다는 말이 있듯 녹시율(綠視率)이 높을수록 정서적 안정감도 높일 수 있다. 바람 소리, 나뭇잎 소리, 계곡물 소리 등 자연의 소리는 쾌적감과 편안함을 제공하고 나뭇잎이 필터 역할을 하여 자외선을 피하는 동시에 비타민 D를 합성할 수 있다.

태교워킹을 실시할 때 나무가 많은 곳이나 공기가 좋은 곳을 찾아

산책하거나 가끔 주말을 이용해 도시를 벗어나 맑은 공기를 많이 마
시도록 해보자. 똑같은 태교워킹을 하더라도 더 큰 효과를 누릴 수
있다.

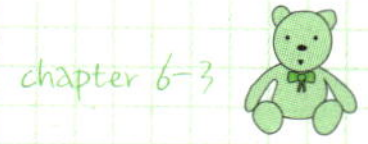

임신 우울증을 치료하는 태교워킹

점점 각박해지는 현실 속에 우울증에 시달리는 사람들이 점점 늘고 있다. 이전에는 30대부터 50대의 연령층에서 많이 보였지만 지금은 청소년은 물론, 노인의 우울증 발병률도 급격히 늘어 심각성이 대두되고 있다. 그 중 임신부의 우울증이 더 위험한 것은 태아에게 그대로 좋지 않은 영향을 미치기 때문이다.

임신 중 엄마가 우울하면 '코티졸'이라 불리는 스트레스 호르몬이 양수 안에서도 증가하여 태아의 뇌 발달에 영향을 미칠 뿐 아니라 태아의 성장을 방해하면서 저체중, 조산의 위험을 증가시킨다. 예쁜 것만 보고 좋은 생각만 해야 할 시기에 우울증으로 시간을 보내는 것만큼 안타까운 일은 없을 것이다.

하지만 요즘 여러 연구를 통해 걷기운동이 우울증 치료에 도움이 된다고 밝혀져 심각한 정도의 우울증이 아닌 이상, 우울 증세를 약화시키는 사람들이 많아지고 있다.

포르투갈의 한 연구팀은 우울증 약으로도 치료가 잘 진행되지 않고 있는 150명의 우울증 환자를 두 그룹으로 나눠 연구했다. 한 그룹은 12주 동안 약을 먹으며 5일간 30분 이상 걷기운동을 하게 했고 다른 한 그룹은 약만 먹게 했다. 그 결과 약만 복용한 사람들은 우울증 상태가 그대로였지만 약 복용과 함께 걷기운동을 했던 그룹의 사람들은 우울증 증세를 26%나 개선시킬 수 있었다.

또 브라질에서는 우울증에 걸리지 않은 건강한 성인 400명을 대상으로 우울증에 대한 연구를 했다. 그 결과 신체활동이 활발한 사람은 그렇지 않은 사람들보다 우울증에 걸릴 위험이 68%가 낮은 것을 확인할 수 있었다. 여성의 경우에는 운동을 즐기는 사람이 24%가 낮았다.

우울증에 걸리면 체내 염증 수치가 높아지는데, 걷기운동 같은 유산소운동은 몸속 염증을 줄어들게 한다. 이에 따라 우울증 증상이 약화될 수 있다.

임신을 하게 되면 심한 우울증은 아니더라도 기분이 가라앉는다거나 어느 순간 우울해지는 것을 누구나 한 번쯤 느끼기 마련이다. 애써 감정을 숨기거나 억지로 웃는 것은 자신을 더 힘들게 할 뿐이다. 기분이 좋지 않은 날이라면 집에만 있지 말고 밖으로 나가 산책을 해보자. 이유를 알 수 없어 답답했던 가슴이 뚫리고 왠지 모르게 시원해질 것이다.

 일상생활에서 치료하는 임신부 우울증

신나는 음악듣기　리드미컬한 음악, 재미있는 영화 등은 기분을 좋게 해주는 엔도르핀 생성을 도와준다. 특히 음악은 두뇌의 여러 부분을 동시에 자극하고 심장으로부터 산소 이동을 자극해 신체를 생기 있게 만들어준다. 보통 태교에는 클래식을 추천하지만, 대부분의 음악들이 태아의 뇌 발달에 도움이 된다.

재미있는 소재의 책이나 영화보기　임신을 하게 되면 상대적으로 시간적인 여유와 휴식시간이 많아진다. 그렇게 혼자 생각하는 시간이 많아지면 가끔은 작은 생각이 커지고 좋지 않은 생각으로 빠지는 등 감정기복이 심해질 수 있다. 그럴 때는 재미있는 소재의 영화와 책에 빠져보자. 잡다한 생각을 떨쳐 버릴 수 있으며 태교로도 안성맞춤이다.

임신부를 위한 강좌 다니기　요즘은 임신부를 위한 문화센터나 DIY 강좌 및 요가 클래스 등 임신부를 위한 공간이 많이 만들어지고 있는 추세이다. 같은 예비 엄마끼리 만나며 공감대를 형성할 수도 있고 태교 및 취미생활을 할 수 있는 최고의 장소이다.

　　누군가의 관심과 사랑도 태교가 될 수 있다. 남편이 마음을 몰라준다고 서운해하기 전에 먼저 자신의 변화나 상태에 대해 이야기하며 남편에게 도움을 받는 것도 좋다. 오히려 적극적으로 도와달라고 할 때 남편도 무엇을 해야 하는지 정확히 파악하고 도와줄 수 있을 것이다. 남편과의 좋은 관계를 유지하는 것 또한 스트레스를 줄이며 뱃속 아기에게도 좋은 영향을 주는 방법 중 하나이다.

아빠와 함께하는 태교워킹

임신부가 스트레스를 받는 요인 중에는 아빠의 무관심도 큰 비중을 차지하고 있다. 임신 소식을 처음 들었을 때는 한없이 관심을 보이다가도 어느 정도 시간이 흐르면 회사생활에 지쳐 아내에게 무관심해지거나 처음보다 관심도 시들해지기 때문이다.

하지만 임신은 엄마 혼자 감당하기에는 큰 변화이고 힘든 일이다. 그러므로 아빠가 태교에 적극 참여해야 한다. 또한 아빠의 태교는 엄마의 기분뿐만 아니라 아기에게도 큰 영향을 미치기 때문에 꼭 필요하다.

아빠태교의 중요성

엄마의 두려움을 없애준다　엄마는 갑자기 변하는 신체는 물론, 스스로 감정 조절이 되지 않아 불안함을 느끼게 되고 곧 다가올 출산에 대해 느끼는 두려움도 상당히 크다. 아빠가 시간이 날 때마다 함께 태교를 한다면 함께 있다는 느낌 때문에 두려움은 줄이고 편안함을 느껴 더 효과 좋은 태교를 할 수 있을 것이다. 엄마가 기분이 좋으면 태아에게도 좋은 영향을 미치므로 엄마가 항상 좋은 기분을 유지할 수 있도록 노력하자.

아기를 편안하게 만들어준다　뱃속의 아기는 엄마보다 굵고 낮은 목소리를 더 편안하게 생각한다. 그래서 전문가들은 엄마의 태담보다 아빠의 태담을 더 추천하고 있다. 엄마의 배를 쓰다듬으며 동화책을 읽어주거나 "보고 싶다", "사랑한다" 등의 이야기를 전해주면 아기는 뱃속에서 편안함을 유지할 수 있을 뿐만 아니라 두뇌 발달을 촉진하는 데 도움이 된다.

책임감이 강해진다　실제로 태교를 함께 하는 아빠는 그렇지 않은 아빠에 비해 아기와 더 많은 교류를 할 수 있고, 엄마의 변화나 태동 등 직접적으로 느끼는 일이 많아진다. 그렇다 보면 감정이 더 애틋해지고 아기의 미래, 가족에 대한 책임감을 더 키울 수 있다.

아빠, 엄마와 함께 걸어라

아빠의 태교는 엄마와 아기를 위한 일이지만 가장 기본적으로는 '엄마와 함께 한다는 것'이 중요하다. 그러므로 쉬는 날에는 엄마를 따라 태교워킹을 해보자. 그동안 엄마와 아기가 함께 보았던 것들과 느꼈던 것들을 함께 공유하다 보면 더 애틋한 감정을 느낄 수 있고, 태교의 의욕도 높아질 것이다. 또한 엄마의 안전을 직접 지켜주고 엄마 역시 혼자일 때보다 더 가볍고 편안한 마음으로 운동을 즐길 수 있을 것이다.

엄마의 컨디션 체크 　평소에 바빠서 관심을 크게 보이지 못했다면 함께 운동하기 전에 엄마의 컨디션을 체크해보자. 어디가 불편하진 않는지, 열이 있는지, 잠은 충분히 잤는지, 식사는 했는지 등 세심하게 체크하고 엄마의 보폭에 맞춰 걷는다면 엄마는 누구보다 아빠를 든든하게 생각하며 믿음도 커질 것이다.

아기와 대화하기 　가장 대표적인 아빠태교는 바로 태담이다. 앞서 말했듯 엄마의 목소리보다 아빠의 목소리가 더 좋은 영향을 미치는데, 함께 운동을 하며 이야기를 나누면 아빠의 기분도 밝고 활기차져 더 큰 효과를 누릴 수 있다. 아빠의 목소리로 주위의 배경을 묘사해주어도 좋고, "○○야, 지금 언니 오빠들이 공원에서 뛰어놀고 있어, 너도 언젠가 아빠와 함께 뛰어놀겠지?"라며 아빠의 목소리로 주위의 배경을 묘사해주어도 좋고, "○○야, 지금은 엄마, 아빠가 함께 운동을 하고 있단다. 너도 건강한 모습으로 나와서 나중에 함께 걷자" 등 아기와 함께 하는 기분에 대해 이야기하는 것도 좋다.

마사지 해주기　　운동이 끝난 후 집에 돌아와서 아내를 위해 마사지를 해주자. 쑥스럽거나 잘하지 못한다는 이유로 그냥 넘어가기보다 서툴더라도 부드러운 마사지로 아내의 몸을 풀어주자. 마사지를 통한 부드러운 스킨십은 아내의 스트레스를 줄여줄 수 있고, 아기에게는 정서적 안정감을 줄 수 있다.

더 알아보기

임신 중 아빠가 해줄 수 있는 것들

아내를 잘 챙겨주거나 도와주는 일은 마음과 달리 실천하기란 어렵다. 직장 생활에 대한 고단함도 있고 자주 하지 못해서 쑥스러운 이유도 있을 것이다. 하지만 임신 중인 엄마는 심신이 많이 지쳐 있어 바로 옆에 있는 아빠에게 바라는 것이 많아지기 마련이다. 일상생활에서 작은 것이라도 아빠가 할 수 있는 일이라면 적극적으로 도와주자. 실수를 하더라도 노력하는 자세에 엄마도 너그러운 마음으로 이해해 줄 것이며 부부간 관계도 더욱 좋아질 것이다.

• 엄마에게 관심 갖기

엄마는 외모나 생활습관 등 변해가는 것이 많아진다. 남자들은 여자의 머리 스타일이 변해도 잘 눈치채지 못하는 편이지만, 임신 중에는 하나하나 관심 어린 눈으로 바라봐주도록 한다. 옷이 작아지지는 않았는지, 입덧은 어느 정도이고, 어떤 음식을 먹을 수 있는지를 관찰하여 미리 챙겨주는 센스 있는 아빠가 된다면 엄마는 임신이 행복한 일이라고 느낄 것이다.

• 태교에 방해되는 행동은 잠시 쉬기

일을 마치고 술을 먹고 들어오거나 흡연을 하거나 TV 소리를 높여놓거나 하는 행동은 태아에게 악영향을 미친다. 물론 사회생활로 인한 스트레스를 푸는 행동이라고 할 순 있지만 임신 중에는 엄마가 받는 스트레스도 상당하다. 태교에 방해되는 행동은 임신 기간만이라도 참는 것이 아빠의 중요한 역할이다.

• 집안일 돕기

집안일은 엄마가 가장 바라는 도움인 동시에 아빠가 가장 힘들어하는 일일 것이다. 하루에 한 가지라도 도와준다면 엄마는 그 모습에 행복과 고마움을 느낄 것이다. 평일에 바쁘다면 주말을 이용해 함께 하는 것도 좋다. 작은 노력이 모여 부부 사이를 행복하게 만들어준다.

• 휴일 함께 보내기

아빠는 밖에서 많은 사람을 만나면서 지쳐 혼자만의 시간을 보내고 싶기도 하겠지만 엄마는 대부분의 시간을 집에서 보내기 때문에 외로워질 수밖에 없다. 그러므로 아빠의 휴일을 애타게 기다린 엄마를 실망시키지 말고 함께 시간을 보내도록 한다. 차를 마시며 대화를 하거나 가끔은 야외로 나가 데이트를 하는 것도 엄마의 스트레스를 날릴 기회가 된다.

• 부부간 대화나누기

가끔은 아기가 태어난 후의 이야기를 나누는 것도 좋다. 부부는 항상 함께 하는 존재이기 때문에 앞으로의 이야기를 함께 만들어나갈 때 부부애가 커진다. 또 미래에 대해 이야기를 하면서 엄마는 아빠에 대한 믿음이 쌓이고 의지할 수 있다.

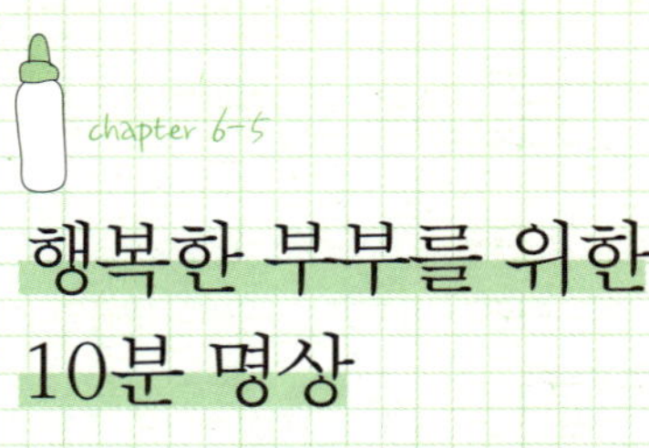

행복한 부부를 위한 10분 명상

결혼을 한 지 몇 년이 지난 부부들은 서로에 대한 긴장감이 떨어지고 애틋한 감정도 줄어들게 된다. 점점 싸움도 잦아져 과연 우리가 달콤했던 연애 시절이 있었는지 의심도 품게 된다. 이럴 때 명상을 통해서 부부 관계를 원만하게 만들어보는 것은 어떨까?

임신 3개월이 된 조미혜 씨와 그녀의 남편인 강태인 씨는 요즘 들어 함께하는 시간이 행복하기만 하다. 꼭 임신 때문만은 아니다. 임신 소식을 접한 지 얼마 되지 않아 부부는 아이에게 가장 자랑스러운 부모가 되기로 결심했다.

인터넷을 찾아보고 주위 결혼 선배들의 이야기를 들은 태인 씨는 집안일을 돕거나 산책을 하거나, 둘이 함께하는 시간을 많이 만들었다. 일 때문에 아내와 많은 시간을 함께하지 못 하더라도 하루 1시간은 꼭 아내와 함께 하기로 결심했고, 그 시간을 더 효과적으로 만들고자 부부명상을 시작했다. 처음에는 쑥스러웠지만 어느새 하루의 일과가 되었고 예전보다 더 사이좋은 부부가 될 수 있었다.

부부명상은 말 그대로 부부가 함께 명상을 하는 것이다. 마주앉아 서로의 눈을 바라보고 생각을 공유해나가는 것이다. 부부명상을 통해 서로의 몰랐던 점을 알게 되고 이해하게 되면서 부부 사이를 더욱 돈독하게 만들어줄 것이다. 또한 부부의 교류를 통해 뱃속의 아이에게도 좋은 영향력을 미치기 때문에 임신 중 부부명상은 일석이조의 효과를 가져다 줄 것이다.

지속적으로 부부명상을 실행하다 보면 스트레스로 인해 불안해진 뇌파를 안정시키고, 몸의 피로를 녹일 수 있으며, 연인 같은 부부로 새로운 삶을 시작할 수 있다. 다음의 행복한 부부를 위한 10분 명상법을 통해 세상에서 가장 사이좋은 부부가 되어보자.

 행복한 부부 되는 10분 명상

마주보기　　부부명상의 가장 첫 번째 단계는 눈을 마주치는 것이다. 정말 친하고 가까운 사이는 '눈빛만 봐도 다 안다'고 표현한다. 이렇듯 사람의 눈에는 많은 감정과 생각이 담겨 있다. 가장 가까워야 할 사이가 부부인 만큼 눈으로 대화하는 연습을 해보자. 그리고 눈에 담아보자. "당신을 가장 사랑한다"고.

표현하기　　　우리나라 부부들은 잔소리에는 강하지만 사랑 표현에는 인색한 것이 사실이다. 하지만 싸우더라도 사랑한다는 표현에 기분이 풀리는 것도 부부이기에 가능하다. 애정 표현, 사랑 표현이 아무 것도 아니라고 생각하는 사람들도 있겠지만 행복한 부부관계를 만드는 데 큰 역할을 한다. 사랑을 아낌없이 표현하는 배우자가 되도록 노력하자.

다짐하기　　　한 아이의 부모가 된다는 것은 대단한 일이며, 그만큼 책임감도 따르는 일이다. 앞으로 어떤 부모가 되어줄 것인지, 어떤 배우자가 되어줄 것인지의 대한 다짐을 약속해보자. 다짐은 '주말이면 아이와 함께 특별한 곳에서 시간을 보내겠다', '저녁 식사 후 설거지는 내가 하겠다' 등 사소하지만 구체적인 약속이 좋다. 두 사람의 공통된 다짐과 약속을 정한다면 좀 더 책임감이 생기고 특별한 부부애를 만들 수 있을 것이다.

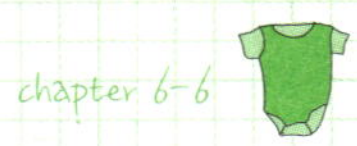

훌륭한 부모가
되기 위한 명상

앞서 행복한 부부를 위한 명상을 통해 부부의 사이를 돈독하게 만들었다면, 이제는 아이를 위한 훌륭한 부모가 되기 위한 연습을 해보자.

'아이 앞에서는 찬물도 함부로 마시지 마라', '부모는 아이의 거울이다'라는 말이 있듯이 아이는 부모의 영향을 가장 많이 받고, 또 그대로 닮는다. 그래서 부부는 미리 좋은 부모가 되기 위한 연습을 해야 한다.

훌륭한 부모가 되는 것을 어렵게 생각할 필요는 없다. 태아가 느낄 수 있도록 좋은 생각, 좋은 말을 평소에도 습관처럼 할 수 있도록 부부명상을 통해 미리 연습을 한다고 생각하면 된다. 이런 긍정적인 생

각은 분명 태아에게 좋은 느낌으로 전달되어 뇌 발달에도 긍정적인
영향을 미친다.

훌륭한 부모가 되기 위한 명상

긍정적인 생각을 하라　　　가장 쉬워 보이지만 사실 어려울 수도 있
다. 잘 생각해보면 우리는 무의식중에 부정적인 생각을 많이 하고 있
다. '안 돼', '싫어' 이런 종류의 생각은 부정적인 생각들이다. 명상 시
간만큼은 되도록 '그래', '좋아'라는 긍정적 생각을 많이 해보자.

　또 부정적인 생각을 긍정적으로 전환하는 좋은 방법이 긍정적으로
말하는 것이다. "TV는 안 돼"보다는 "TV보다는 책이 좋겠어"라는 식
으로 긍정적으로 말해보자. 긍정적인 말을 많이 할수록 아이의 인생
도 긍정적으로 설계될 것이다.

　칭찬을 많이 하라　　　'칭찬은 고래도 춤추게 한다'라는 유명한 말
이 있다. 고래도 춤추는데 하물며 사람은 어떨까? 더욱이 아이는 부
모의 관심과 애착을 얻고 싶어 하기 때문에 칭찬이 중요하다. 아이는
칭찬받았을 때 점점 장점을 계발하여 칭찬하는 대로 성장할 것이다.

　칭찬을 잘하는 부모가 되기 위해서는 먼저 서로 칭찬해주자. 만약
배우자에게 바꾸고 싶은 단점이 있다면, 그런 면을 보였을 때, 가능한
한 짧고 간단하게 이야기하고 끝내라. 대신, 반대의 행동을 했을 때는

관심을 가지고 적극적으로 칭찬을 해주도록 한다.

많이 웃어라　　웃음은 보약이라고 할 정도로 우리 인생에 많은 도움을 준다.

특히 임신 중 웃음은 스트레스 호르몬 분비를 줄여 임신 기간을 즐겁게 만들 뿐만 아니라, 임신부의 웃음소리와 행복한 감정이 태아의 두뇌를 고루 자극해 똑똑하고 성격이 밝은 아이로 성장할 수 있게 돕는다. 엄마는 스스로 즐거운 마음을 가질 수 있게 노력하고 아빠는 아기와 아내를 위해 체면을 버리고 웃겨줄 수 있는 각오가 필요하다.

특히 태아는 아빠의 낮은 목소리를 더 좋아하므로 아빠도 함께 목소리나 웃음소리를 들려주도록 노력하자. 내가 웃으면 아이의 미래도 밝아진다는 생각으로 잘 웃는 부모가 되어보자.

책을 가까이하라　　임신 중 독서를 하게 되면 지식이 넓어짐은 물론, 집중력이 향상되고 정서적 안정을 느낄 수 있다. 또한 엄마가 책을 읽으며 다양한 감정과 생각을 하게 되면 태아에게 좋은 자극을 주고 발달 과정에 긍정적인 영향을 미치게 된다.

따라서 다양한 색감이 있는 그림책이라든가, 마음의 안정을 줄 수 있는 따뜻한 책을 가까이 해보자. 부모가 책을 가까이하면 아이도 독서를 즐길 것이다.

웃음은 습관이다

임신 중에는 힘든 일이 많아서 웃음을 잃는 경우가 많다. 그래서 웃음에도 연습이 필요하다. 실제로 웃어보라고 하면 제대로 웃지 못하는 사람이 더 많다. 평소 잘 웃지 않는 사람은 얼굴 근육이 딱딱하게 굳어 있는 경우가 많다. 표정이 굳어 있으면 얼굴의 혈액순환이 잘되지 않아 안색도 좋지 않고 피부 또한 까칠해 보인다. 반대로 많이 웃는 사람은 몸이 건강해지고 인상이 좋아진다. 그러므로 일상생활에서부터 웃는 얼굴을 습관화하여 밝은 사람이 되어보자.

- 아침에 일어나면 행복한 하루가 될 거라는 주문을 외우며 크고 힘차게 웃어본다.
- 태아가 있는 자궁 쪽을 쓰다듬으며 웃는다.
- 웃을 일이 없을 때도 웃어본다.
- 마음속부터 진심으로 웃어본다.
- 일부러 재미있는 프로그램을 찾아보며 웃는다.
- 즐거운 상상을 하며 웃는다.
- 걱정거리가 없다고 생각하며 행복해한다.

소중한 책으로 남기고 싶은 아이디어나 원고가 있으신 분은 **도서출판 책읽는달**
(이메일 : bestlife114@hanmail.net)로 보내주세요.

사랑하는 아기를 위한 하루 20분 태교

초판 1쇄 2012년 9월 7일
초판 2쇄 2014년 11월 10일

지은이 이홍열
펴낸이 문미화
펴낸곳 책읽는달

출판등록번호 제2010-000161호
주소 서울 영등포구 양평로 149
　　　우림라이온스밸리 1차 A동 1408호
대표전화 02)2638-7567 | **팩스** 02)2638-7571

ⓒ 이홍열, 2012

ISBN 978-89-965462-7-6 13590